U0190011

主　编◎赵广涛

文稿编撰◎王晓琦　王　瑞　张玉凌　图片统筹◎乔　诚

海洋启智丛书

总主编　杨立敏

写在前面

海洋，广阔浩瀚，深邃神秘。她是生命的摇篮，见证着万千生命的奇迹；她是风雨的故乡，影响着全球气候变化。她是资源的宝库，蕴含着丰富的物产；她是人类希望之所在，孕育着经济的繁荣！在经济社会快速发展的21世纪，蔚蓝的海洋更是激发了无尽的生机。蓝色经济独树一帜，海洋梦想前景广阔。

为了引导中小学生亲近海洋、了解海洋、热爱海洋，中国海洋大学出版社依托中国海洋大学的海洋特色和学科优势，倾情打造“海洋启智丛书”。丛书以简约生动的语言、精彩纷呈的插图、优美雅致的装帧，为中小学生提供了喜闻乐见的海洋知识普及读物。

本丛书共五册，凝聚着海洋知识的精华，从海洋生物、海洋资源、海洋港口、海洋人物及海洋故事的不同视角，勾勒出立体壮观的海洋画卷。翻开丛书，仿佛置身于海洋

的广阔世界:这里的海洋生物遨游起舞,为你揭开海洋生物的神秘面纱,呈现海洋生命的曼妙身姿;这里的海洋资源丰富,使你在海洋的怀抱中,尽情领略她的富饶;这里的海港各具特色,如晶莹夺目的钻石,独具魅力;这里的海洋人物卓越超群,人生的智慧在书中熠熠闪光;这里的海洋故事个个精彩,神秘、惊险与趣味并存,向你诉说海洋的无限神奇。

海洋,是一部永远被传诵的经典。她历经亿万年的沧桑变迁,从远古走来,一路或壮怀激烈,或浅吟轻唱,向人们讲述着亘古的传奇。海洋胸怀广阔,用她的无限厚爱,孕育苍生。蓝色的美丽,蓝色的情怀,蓝色的奇迹,蓝色的梦想!

我们真切希望本丛书能给向往大海的中小学生带来惊喜,给热爱海洋的读者带来收获。祝愿伟大祖国的海洋事业蒸蒸日上!

杨立敏

2015 年 12 月 23 日

前言

人类赖以生存的地球不仅有广袤的大地，还有无垠的海洋。海洋时而平静温和，时而汹涌澎湃。古往今来，人们对大海的探索从未停歇。从郑和下西洋，到哥伦布发现新大陆，再到现代化的海洋科考，随着时代的进步，人们对海洋的认识不断加深，利用海洋的能力也有了很大的提高。大海向人们敞开胸怀，无私地奉献着她的一切，使人们的生活变得更加美好。

海洋孕育了生命，更蕴藏着丰富的资源。本书将带你领略神奇的海洋，探索海洋资源宝库的奥秘。本书共分为海洋生物资源、海洋矿产资源、海洋化学资源、海洋能源资源、海洋旅游资源和海洋空间资源六部分。在海洋生物资源部分，有我们熟悉的海带、紫菜等海洋植物，也有鲅鱼、鲈鱼、乌贼、海豚等海洋动物；在海洋矿产资源部分，你不仅能了解到海底石油、海底天然气和海底煤炭，还能看到神奇的可燃冰和海底热液矿

床;海洋化学资源部分将主要介绍大海中蕴含的碘、铀、镁等元素,以及如何对其进行提取为我们所用;海洋能源资源部分将展示应用前景广阔的各种海洋能源;在海洋旅游资源部分,你会看到美丽的红树林海岸、壮观的深海地貌景观,以及神奇的海发光等;跨海大桥和人工岛让我们与海洋走得更近,海底餐厅使美食与海中美景完美结合,它们都是海洋空间资源利用的范例。

希望青少年朋友通过阅读本书加深对海洋资源的认识,更加珍惜海洋资源,提升尊重海洋、保护海洋的意识。

目录

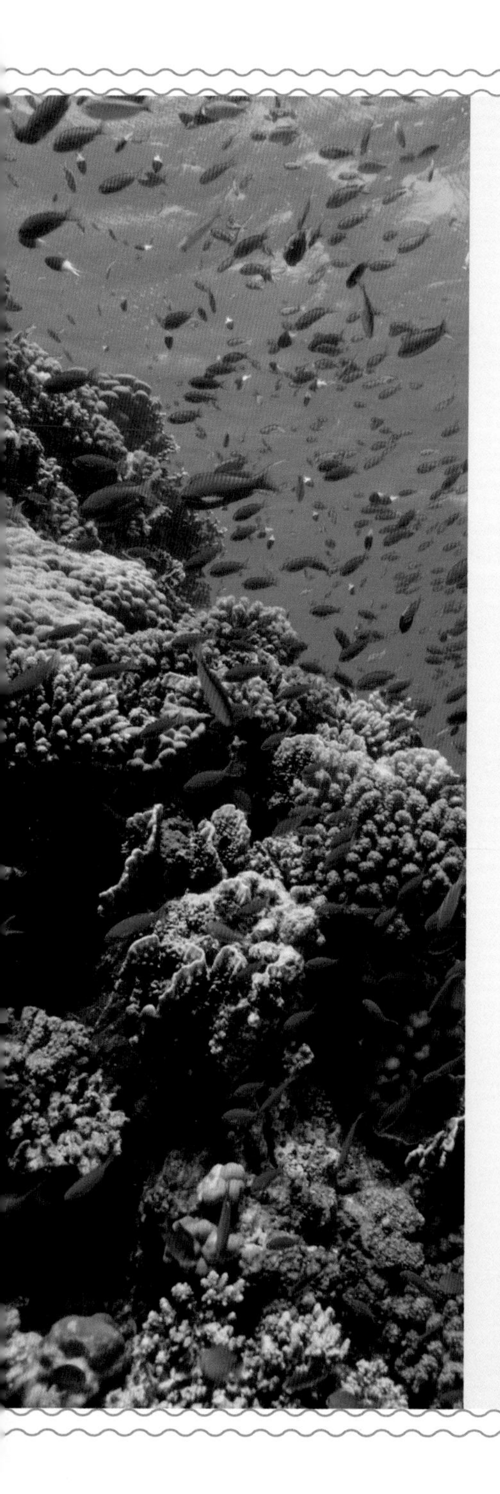

第一部分

海洋生物资源

在浩瀚的海洋中，生活着各式各样的海洋生物。它们有的可作为丰富的食物来源，有的具有较高的药用价值，还有的在工业等领域有着独特功用。每一种海洋生物都是海洋大家庭中不可缺少的一员，让我们一起去领略它们的风采吧！

1. 海带

↑ 海带

蔚蓝的大海蕴藏着许许多多神奇的植物，有一种植物，它固着于海底生活，叶子宽宽大大，像一片芭蕉叶，又像一条墨绿色的带子，它就是我们平时经常见到也经常食用的海带。

海带一般生活在1℃～13℃的低温海水中，这样看来海带可是不怕冷的小勇士哦！海带有着褐色的外表，属于褐藻。藻体呈带状无分枝，一般长2～6米，最长可达20米，宽20～30厘米。叶片厚度为2～5毫米，两侧较薄，有波状褶皱。野生的海带生长期是2年，人工养殖的海带生长期只有1年。

想一想，海带是不是经常出现在我们日常的餐桌上呢？这是因为海带可以为人体提供重要的微量元素，有“碱性食物之冠”的美誉。海带不仅营养价值很高，而且具有一定的药用价值。海带中含有丰富的碘、钾、钙等矿物质元素，有降压、瘦身、补钙的效用。此外，海带中还含有丰富的纤维素，能够帮助人们及时地清除肠道内的废物和毒素，从而有效地预防直肠癌和便秘。不仅如此，海带含热量低、蛋白质含量中等、矿物质丰富，具有降血脂、降血糖、抗凝血、抗肿瘤、排铅解毒和抗氧化等多种药用功能。

海带属冷水性海藻，生长于水温较低的海中。海带自然分布于日本北部沿海、俄罗斯千岛南部沿海及朝鲜北部沿海，在我国分布于辽东半岛和山东半岛海区。较高的需求量使海带养殖业和加工业蓬勃发展。

2. 紫菜

对于紫菜，大家肯定都不陌生，在紫菜包饭和紫菜蛋花汤中我们经常可以看到它的身影。

紫菜包饭

紫菜，属红藻类，顾名思义，其通身大多透着淡淡的紫红色，也有少许呈棕红、蓝绿、棕绿色，这与其含有的叶绿素、胡萝卜素、叶黄素等的比例有关。它外形简单，由盘状固着器、柄和叶片3部分组成。叶片很薄，仅有1层细胞。其体长因种类不同而异，有的仅有几厘米，有的可长达几米。紫菜喜欢生长在风浪大的地方，更喜欢生长在营养盐丰富的地方。生命力顽强的紫菜属于高产作物，它对低温的适应能力随体内水分含量的不同而变化。

紫菜营养丰富，有“营养宝库”的美称。早在1400多年前，就有人类食用紫菜的记载。紫菜中蛋白质的含量超过海带，并含有较多的胡萝卜素和核黄素以及矿物元素。同时，紫菜中的无机质含量丰富，这是由于海水中富含多样的无机成分，而紫菜可以吸收和储存海水中的这些无机质。

美味的紫菜还有较高的药用价值。紫菜含有丰富的碘，这就使得紫菜适用于治疗因碘缺少而引起的“甲状腺肿大”，以及其他郁结积块。而且，紫菜中富含钙、铁元素，可以帮助人们提高记忆力，也可治疗贫血、促进骨骼和牙齿的生长和保健。不仅如此，紫菜中含有一定量可治疗水肿的甘露醇。紫菜中所含的多糖对人体也很重要，它可以帮助人体内的淋巴细胞进行转换，进而提高人体的免疫功能。

紫菜的营养价值和药用价值，使其成为不可多得的海洋蔬菜。

3. 硅藻

在茫茫大海中，生活着许多肉眼难以见到的海洋微藻。这些海洋微藻是海洋生物链的基础，为其他海洋生物提供着源源不断的食物。

硅藻是海洋微藻中的一大"族类"，是一类具有色素体的海洋微藻，常由数量不等的细胞个体联结成各式各样的群体，花样繁多，令人眼花缭乱。大"族类"之下有中心硅藻纲和羽纹硅藻纲两类，纲之下还有很多目和科，科下面还有很多属，比如圆筛藻属、羽纹藻属等。

别看硅藻那么微小，它可是海洋生态系统中不可缺少的"制氧机"。虽然硅藻是单细胞藻类，但它利用太阳能进行光合作用的效率却比高等植物高，是海洋生态系统初级生产力的主要成员。那么，硅藻能高效利用太阳能的秘密在哪里呢？——外壳。硅藻的外壳呈丝网状结构，由许多微孔排列形成，使射进的光难以逃逸。结构独特的外壳不仅增强了硅藻的硬度和强度，使其具有在海洋中悬浮的性能，而且提高了它运输营养物质和吸附的生理功能，使其能成功阻止有害物质进入，大大提高光吸收率。硅藻可谓海洋生物中当之无愧的"劳模"。

生时甘于奉献，死后亦如此。硅藻死亡后，它的硅质外壳就会沉积在海底，经过漫长的岁月和复杂的地质变迁，逐渐形成价值极高的硅藻土。这些硅藻土能有效保存动植物的遗体，对考古研究具有重要意义。另外，硅藻土80%以上是氧化硅，这使得它在工业上几乎"无所不在"，不仅可以作为建筑业所需的磨光材料，而且可以用作过滤剂、吸附剂、隔音材料以及保温材料等，还可以充当橡胶制品和纸制品的填充剂。以硅藻土作为橡胶制品的填充材料，可增强产品的强度和耐热、耐磨等性能；在造纸业中利用硅藻土，不仅可使纸张平滑、重量轻，而且能减少纸张受湿度影响产生的伸缩。

"人无完人"，硅藻也不能十全十美。如果海水富营养化，常常会造成某些硅藻的暴发性生长，引发赤潮等海洋灾害。还有一些硅藻(如根管藻)

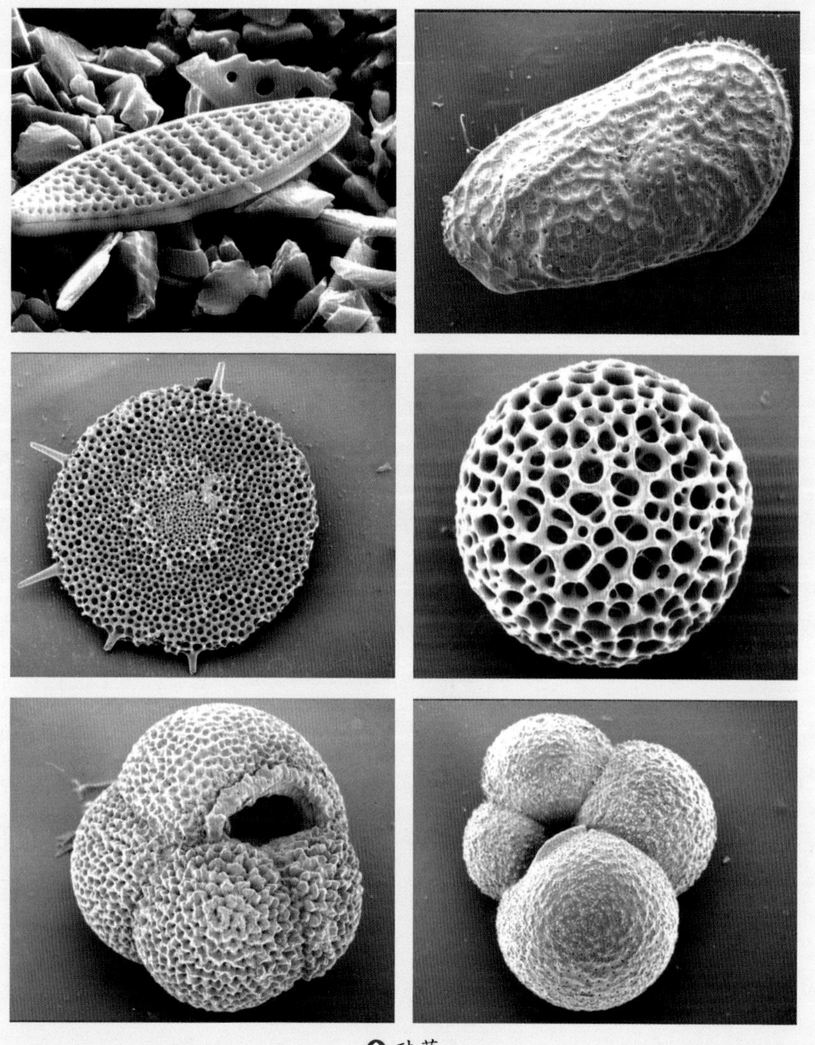

硅藻

如果生长太旺盛，会阻碍甚至改变鲱鱼的洄游路线，降低渔获量。

总体而言，硅藻为稳定海洋生态系统做出了巨大贡献。硅藻资源的利用潜力很大，相信在不久的将来，随着其用途的进一步发掘，硅藻会更好地造福人类。

石花菜

4. 石花菜

在水波荡漾的海里，生长着许多海洋“小矮人”。它们个头虽小，却并不气馁，总保持着挺拔的姿态，直立丛生。它们就是石花菜。石花菜的名字众多，如果别人向你提到海冻菜、红丝菜、凤尾等，你可不要惊讶，这些都是石花菜的别名。

通常，石花菜的着装有红、白两色，通体透明，像极了红色或白色的条形果冻。石花菜下半身扁而上半身圆，即藻体下部的枝比较扁，而上部的枝则略呈圆柱形。石花菜的再生能力很强，藻体的一处被切断后，伤口会很快愈合，大致一个星期后，被切断的地方就能长出新枝，只要被固定在一定的基质上，断枝就可以复活。

石花菜属有40多个种，我国以石花菜、大石花菜、小石花菜最为常见。我国渤海海域的石花菜质量较好，产期也很长。这是因为适合石花菜生长的温度为8℃～28℃，而渤海地区每年有8～9个月的水温都处于这个范围。石花菜很“爱干净”，只能生长在没有污染的海水中。

石花菜多用于凉拌菜肴，食用前需将其在开水中略煮一下，最好加入

凉粉

适量姜末以缓解其寒性。石花菜还可用于制作凉粉，用石花菜做成的凉粉，色泽晶莹又不失质感，含有多种维生素和矿物质，拌以酱油、醋等佐料，轻轻咬一口，顿觉凉爽。凉粉一年四季都可加工食用，尤其是在炎热的夏天，食用石花菜凉粉可清热解暑、增进食欲，既营养又健康。

石花菜不仅是一道佳肴，还是一剂良药。生于海洋的石花菜含有许多陆地蔬菜所不具备的营养物质。石花菜富含矿物质和多种维生素，其中就包括具有降压效果的褐藻酸盐类物质，也含有能可防治高血压、高血脂的多糖类物质——淀粉类硫酸脂。中医认为，石花菜具有清热燥湿、清肺化痰、滋阴降火、凉血止血的功效，还有解暑功用。更为难得的是，石花菜还可吸收肠道内的水分，使肠内容物膨胀，刺激肠壁。便秘的人服用石花菜，可引起便意，增加大便量。

石花菜还是制作琼胶的原料。琼胶是多糖体的聚合物，它有抗病毒的特性；琼胶经磺酸化产生的磺酸化多糖体对脑炎病毒有一定的抑制作用。由此可见石花菜具有相当的药用价值。由石花菜制成的琼胶不仅可以用作食品业中的培养基、凝固剂，以及制作酱料时的澄清剂，还可用作工业上的浆料、涂料等。

5. 海茸

近年来，餐饮界中流行着一个新名词——“蓝色食品”，它专指那些来自海洋，尤其是寒带深海区的无污染纯天然植物。在冰冷高贵的“蓝色贵族”中，来自南极的海茸无疑是其中的佼佼者。

海茸，又称龙筋菜、海底龙，属于海藻中的褐藻类。身为海洋中的“蓝色贵族”，海茸对生长环境的要求严苛，全球仅智利南部没有任何污染的海域中才有少量分布。海茸的生长周期较长，3～5年才能达到采割条件。因此，它属于世界限制性开采资源，即使是旺季，每年的产量也只有150吨左右。

海茸营养丰富，口感鲜美，是珍贵的绿色天然食品。通过对海茸株体进行分割、加工，可将其制成海茸头、海茸筒、海茸丝等。海茸除富含蛋白质、维生素、纤维素及多种微量元素外，还含有海洋生物特有的20多种营养成分，如藻朊酸、藻聚糖等。海茸中含有的抗辐射活性物质，能消除或减轻紫外线的伤害，丰富的纤维有排毒养颜之功效，因此海茸作为一种制作保健餐的健康食材，在中国台湾和新加坡等地广受赞誉。

海茸中含有大量的植物胶原蛋白，是植物中最好的美白、嫩肤、防皱佳品。泡海茸的汁可以用来按摩手和脸部皮肤，使皮肤嫩滑细腻。海茸中还含有丰富的铁质，是女性补血的好选择。海茸可谓女性之“密友”、养颜之圣品。

海茸

6. 麒麟菜

麒麟菜是海藻的一种，确切地说它属于红藻“大家庭”中的一员。麒麟菜最依恋珊瑚。它不仅深深“爱”着珊瑚，时常“粘”着它，而且长得也像珊瑚，紫红色圆柱形的身体，有不规则的枝杈，枝杈交错，缠绕成块。为什么麒麟菜如此“眷恋”珊瑚呢？那是因为珊瑚一般枝杈较多，表面粗糙，适合麒麟菜附着生长和繁殖。在那里，麒麟菜可以吸收透射到海水中的阳光以及周围的无机物，合成有机物，再贮存在细胞中。在夏、秋季节，它会长得很快。麒麟菜不喜欢冬、春季节，最讨厌寒潮，长时间的低温会造成麒麟菜的死亡，即使不被冻死，它的含胶量也会大大降低。

不要小瞧麒麟菜所含的胶，这种胶名为麒麟胶，有黏稠、悬浮的特性，具有混合、成形、黏合、吸附等多种作用。例如，它可以让水和油均匀地混合起来，并且使液体变得透明。麒麟胶已经被成功地运用到日化及食品工业中，像牙膏、护肤品、香肠、蛋糕、果冻、冰激凌、果汁、罐头等的制作都能用到麒麟胶。不仅如此，麒麟胶还是制作卡拉胶和琼脂的原料。更重要的是，麒麟菜的营养价值很高，它富含多糖和纤维素，可以划入高膳食纤维食物之列。膳食纤维是人体必需物质之一，有助于胃溃疡的防治，并具有抗凝血、降血脂、促进骨胶原生长等功效，还能帮助人们减肥。此外，麒麟菜的药用价值也不容忽视，据《本草纲目拾遗》记载，麒麟菜能化一切痰结、痞积和痔毒。

麒麟菜喜欢温暖的环境，那么，是不是温度越高越好呢？其实不然，最适宜麒麟菜生长的温度是20℃～30，如果水温超过35℃，麒麟菜也会受不了，不仅会“面黄肌瘦”，而且枝杈也会弯曲。在我国，一年四季都适合麒麟菜生活的水域就是南海了，其中以西沙群岛海域分布最广。

⊙ 海蜇

7. 海蜇

海蜇属钵水母纲，是生活在海中的一种腔肠软体动物。游荡在海水中的海蜇像一顶降落伞，又像一朵蘑菇，晶莹剔透，很是美丽。海蜇身体分为伞部和口腕。伞部隆起呈馒头状，大的直径可达1米。海蜇体内含有毒液，需加工后才可食用，捕捞海蜇时也要小心，以防被其蛰伤。

海蜇体态柔软，是海中漂流的好手，堪称动物界的“航海冠军”。它的游速虽然不是很快，但在长途跋涉的远程赛中却能稳得金牌！因为它只需将伞部张开朝一侧倾斜，半潜在水区，海流就能带它到达理想之处。大海里的生物成千上万，但像海蜇这样能毫不费力驰骋大海的，实属罕见。更神奇的是，海蜇虽没有眼睛和耳朵，却能及时洞察周围的情况，这是因为海蜇口腕周围通常生活着水母虾和玉鲳鱼，别看它们不起眼，当有敌害靠近时，它们便立刻躲进海蜇的口腕，海蜇收到讯息就会赶紧收缩伞部下沉，远离危险。

海蜇

我国的海蜇分类很有趣,根据产地分为东蜇、南蜇、北蜇等品种,口感不尽相同。东蜇产于山东烟台,有些肉内含有泥沙;北蜇产于天津北塘,比较松脆;南蜇产于广西、福建、浙江,肉厚脆嫩。尤其是宁波慈溪一带,因地处钱塘江杭州湾南岸,得天独厚的自然条件使海蜇大量繁殖,故当地有"三北雨汪汪,海蜇似砻糠"的说法。

在中国,海蜇自古就被列入"海产八宝",食用海蜇的历史可追溯至晋代。市面上销售的海蜇多分为海蜇头和海蜇皮两种。海蜇头指海蜇的口腕,海蜇皮指海蜇的伞部。需要注意的是,捕捞到的海蜇需用明矾和盐进行浸漂和去水分处理后方可食用。食用海蜇可以去尘积、清肠胃,保障身体健康。盛夏时节易感染肠炎,适当吃点新鲜的海蜇是不错的选择。不仅如此,海蜇还含有丰富的蛋白质、维生素和矿物质,因此海蜇还具有美容养颜、预防肥胖、消除困乏之功效。

8. 海参

海参，又名海鼠、海瓜。海参外形呈长筒形，颜色暗黑，浑身长满肉刺，趴着的海参有点像腊肠，实在不美观。可想而知第一个吃海参的人是需要勇气的，然后方能发现它的外拙内秀、貌丑味真。

早在6亿年前，海参就已经在地球上繁衍生息了，它们具有很多神奇的特性。海参深居简出，只在泥沙地带和海藻丛觅食。它们的食性也比较奇特，以海底藻类及浮游生物等为食。陆地上的一些动物，如青蛙、蛇类等在冬季“冬眠”，而海参则在夏季“夏眠”。当水温达到20℃时，海参便会潜藏于岩礁处，不吃不动，使自己萎缩变硬，避免被其他动物吃掉。夏眠结束后它们才慢慢苏醒，恢复活动。海参还能根据周围的环境改变体色，用“保护色”让自己更安全。更为神奇的是海参的御敌战术，一旦遇到敌害，

即食海参

海参会把自己的内脏从肛门排出，以此缠绕和迷惑对方，自己乘机逃之夭夭。不要担心海参会死掉哦，它的再生能力可是很强的，几个星期后，海参体内又能长出完整的新内脏来。即使海参剩下一半身体，只要头部和肛门完好，几个月后又能长出全部身体。

海参

别看海参其貌不扬，它可贵居“海八珍”之首，是与人参齐名的滋补佳品。全世界有上千种海参，我国多达140余种，在全世界能食用的四五十种海参中我国海域就有20多种。不管是黑海参、玉足海参，还是黑乳参、糙海参，它们都是可食用海参“家族”的重要成员。为什么海参会如此抢手，看了下面的介绍就明白了。

海参是一种高蛋白、低胆固醇、低脂肪的食材，这在众多食材中非常少见。食用海参可在补充人体所需蛋白质的同时，避免摄入过多的脂肪、胆固醇，因此非常适合老年人及体弱多病者。海参中富含氨基酸，而氨基酸是构成蛋白质的基本物质，对人体来说至关重要。海参还是精氨酸的“宝库”，而精氨酸是人体胶原蛋白合成的主要原料，有助于机体细胞的再生，能帮助受损机体进行修复，提高人体的免疫力。不仅如此，海参体内还含有珍贵的海参多糖，药用保健价值极高，有抗肿瘤的功效。因此，以海参多糖为主要成分的保健品都很受欢迎。应当注意，海参不能与葡萄、柿子、山楂等同时食用，否则将导致蛋白质的凝固，使营养物质难以消化吸收，还会出现腹痛、恶心等症状。

9. 海胆

在大海中，有这样一种生物，它的样子像极了刺猬，一层精致的硬壳上布满了许多刺样的棘，好似一层“坚盔利甲”在保护自己，它就是海胆。

海胆的棘可以活动，用来运动、保持壳的清洁及挖掘泥沙。除了棘，一些管足也从壳上的孔内伸出来，用于摄取食物、感觉外界情况。海胆的大小因种类的不同而差别悬殊，较小的品种直径仅有5毫米，大的则可达30厘米。海胆的形状也多种多样，有球形、心形和饼形。

海胆

海胆分雌、雄，但仅从外形上很难判断出来。海胆喜欢生活在一起，是群居性动物。在繁殖方面，海胆存在一种神奇的现象，就是在一个局部海区内，一旦有一只海胆把生殖细胞排到水里，这一区域内所有性成熟的海胆都会收到刺激信息，然后排出生殖细胞，这种现象被形容为“生殖传染”。

海胆样貌虽凶，但吃起来却鲜美至极。有一种海胆因样子像马粪，被人们称为马粪海胆，但又因其味美而被称为“黄色钻石”，这种海胆分布在中国北方沿海，它在日本还有一个美丽的名字——“云丹”。民间有食用海胆卵的传统，或者鲜食，或者将它们制成海胆酱。海胆酱的制作过程很讲究。首先，用专用器具打开海胆的外壳；其次，用小勺仔细地取出橘瓣状的性腺块，洗净后，在纱布上控水；然后再腌制，控水，用食用酒精浸过，码放入瓷罐中，密封3～6个月，即发酵成熟。这样制成的酱块形状完整，醇香鲜美，是中、西餐的高档佐料。

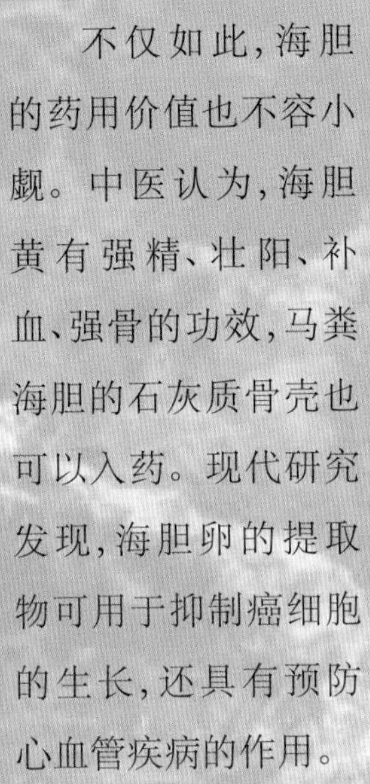

不仅如此，海胆的药用价值也不容小觑。中医认为，海胆黄有强精、壮阳、补血、强骨的功效，马粪海胆的石灰质骨壳也可以入药。现代研究发现，海胆卵的提取物可用于抑制癌细胞的生长，还具有预防心血管疾病的作用。

需要注意的是，有些种类的海胆有毒，一旦被细刺扎到，毒汁就被注入人体，导致皮肤肿痛甚至心跳加速、全身痉挛。不可轻易碰触它们的细刺，小心中毒哦！

10. 海星

还记得《海绵宝宝》里那个粉色的派大星吗？粉色可爱的派大星深受观众们的喜爱，它的原型就是海洋里的彩色星星——海星。为什么说海星是彩色的星星呢？那是因为海星的体色不尽相同，最常见的有橘黄色、红色、紫色、黄色和青色等。

海星，顾名思义，体扁呈星形，通常有5个腕，也有4个或者6个甚至40多个腕的海星。海星的腕下长有密密的管足。海星的嘴巴位于身体下侧中部，与管足在同一侧。海星不仅颜色多样，个头也有大有小。小的仅有2.5厘米，大的可达90厘米。海星分布广泛，在海边经常可以见到它的身影。

海星表面看起来疙疙瘩瘩的，好像长了好多青春痘似的，那是因为海星属于棘皮动物，在体壁上长有各种棘。研究表明，棘皮动物能通过将从海水中吸收来的碳转化为无机盐的形式形成外骨骼。棘皮动物死亡以后，其体内大部分含碳物质会遗留在海底，从而减少了从海洋进入大气层的碳。通过这种途径，棘皮动物每年大约能吸收1亿吨的碳。在二氧化碳排放超标的今天，海星真的算是帮了人类的大忙。

海星的无性繁殖使其“分身有术”，并具有惊人的再生能力。由于海星以贝类动物（如牡蛎等）为食，过量的海星会对海洋环境造成威胁，尤其是对珊瑚礁和海产品养殖业都会产生消极的影响。但是海星是海洋食物链中不可缺少的环节，适量的海星可以起到维护生态平衡的作用。

11. 虾

在我国沿海，整天忙碌着一支“隐形的军队”，它们身披盔甲，威风凛凛。这支队伍的成员数量庞大，种类多样，它们就是海虾。

中国对虾

海虾，是口味鲜美、营养丰富的海味，可制作多种佳肴，有菜中之“甘草”的美誉。海虾与河虾的营养价值不相上下，但由于海虾肉的韧性好，吃起来有嚼头，口感更胜一筹，因而更受到人们的喜爱。海虾的品种很多，我们常说的海虾主要有对虾、龙虾、白虾等。

中国对虾，又名东方对虾，体长而侧扁，虾壳光滑略透明。中国对虾主要分布于我国黄、渤海和朝鲜西部沿海，是集群性、一年生的洄游性虾类。每年3月，生活于黄海中南部深海区的中国对虾会大量汇集，成群洄游至渤海、黄海河口附近的浅海区产卵，即生殖洄游。幼虾从8月下旬开始游向深海区觅食，于秋末时节游到渤海中部进行交配。11月渤海水温下降，中国对虾又会沿春季洄游的路线南游越冬，即越冬洄游。

俗话说：“宁吃对虾一口，不吃杂鱼一篓。”对虾肥美鲜嫩，是不可多得的海产珍馐。一只只通体橙红的对虾，色香味俱佳，令人垂涎。可是，鲜活的对虾明明是青中衬碧、青中透黄，这是怎么回事呢？原因就在于鲜活的对虾体内有一种独特的物质——虾青素，它和蛋白质结合在一起，无法现出鲜红的本色，而一旦受热，虾青素便“原形毕露”，呈现出原来的红色。

龙虾可谓是虾中的老大哥，它的头胸部较粗大，背腹稍平扁，头胸甲发达，坚厚多棘，前缘中央有一对强大的眼上棘。外壳坚硬，色彩斑斓，腹部短小，体长20～40厘米，肌肉纤维比较粗，不像其他虾类那么细嫩。大龙虾是名贵的食品，其肉滑脆可口，是亚洲地区传统的高档海鲜。

尽管虾的种类多样，但它们的营养价值都很高，尤其对身体虚弱以及病后需要调养的人来说是极好的食物。虾中含有丰富的镁，镁有助于调节心脏活动，可以很好地保护心血管系统，减少血液中的胆固醇含量，帮助扩张冠状动脉，以及预防动脉硬化、高血压和心肌梗死。此外，富含磷、钙，并有较强的通乳作用，对孕妇有很好的补益功效。虾体内富含高蛋白、低脂肪物质，且所含脂肪主要由不饱合脂肪酸组成，易于人体吸收。虾肉内锌、碘、硒等微量元素的含量也较高，不愧是海鲜珍品。

龙虾

齐白石国画中的虾

12. 虾蛄

生活在海边的人对一种动物肯定特别熟悉——虾蛄，俗称皮皮虾、爬虾、虾虎、虾耙子等。全世界有400多种虾蛄，绝大多数生活在热带和亚热带，温带也有少数分布。

↑虾蛄

虾蛄喜栖于浅水泥沙或礁石裂缝内，中国沿海均有分布，在渤海湾地区则分布着其特有品种——口虾蛄。口虾蛄身体分节，头胸甲前缘中央有1片能活动的梯形额角板，其前方是具柄的眼和触角节；胸部具8对附肢，前5对是颚足，后3对是步足，其中第二颚足特别强大，是捕食和御敌的利器，称为掠肢；腹部较宽，共6节，前5节各有1对附肢，具鳃，这使得虾蛄可以自由呼吸和游动，最后是宽而短的尾节；尾肢和尾节构成尾扇，尾扇虽小，用处很大。除了用于游动和御敌外，尾扇还是虾蛄建造“房屋”的重要工具，可作掘穴之用。

虾蛄营养丰富，汁鲜肉美，且其肉质松软，易消化，中医认为，虾蛄肉有通乳抗毒、养血固精、益气滋阳、通络止痛、开胃化痰等功效，因此，虾蛄对身体虚弱以及病后需要调养的人来说是极好的食物。虾蛄是蛋白质含量很高的海鲜之一，而且是营养均衡的蛋白质来源。

虾蛄好吃但壳难开，虾蛄的硬壳可谓一道坚墙固垒，保卫着它鲜美的肉，所以想吃虾蛄必须攻克这道难关，相信很多人都很头疼虾蛄这身硬硬的“铠甲”吧。尤其是背甲两侧的倒刺，似一把把尖刀，颇为锋利，吃的时候很容易被其扎破手指。所以剥食虾蛄时一定不要心急哦！

13. 蟹

在茫茫大海中，穿盔带甲的除了“虾兵”还有“蟹将”。螃蟹的种类比虾更多，在中国就有600多种，可食用的海蟹通常有花蟹、梭子蟹和青蟹等。吴歌中唱道：“秋风起，蟹脚痒；菊花开，闻蟹来。”可见，秋风送爽之时，蟹肥菊香，正是品尝螃蟹的最佳季节。用餐时螃蟹通常是作为最后一道菜被端上来，真可谓“螃蟹上席百味淡”。

↑ 花蟹

花蟹，顾名思义，它的壳上有着美丽的彩色花纹。蟹盖两端呈尖形，螯大布满蓝点，跟海水的颜色一样。双螯的边缘呈殷红色，煮熟时两螯红得很美丽，似小姑娘害羞的面颊。美中不足的是，花蟹虽貌美，但它的膏黄却很少，螯也比较瘦瘪。

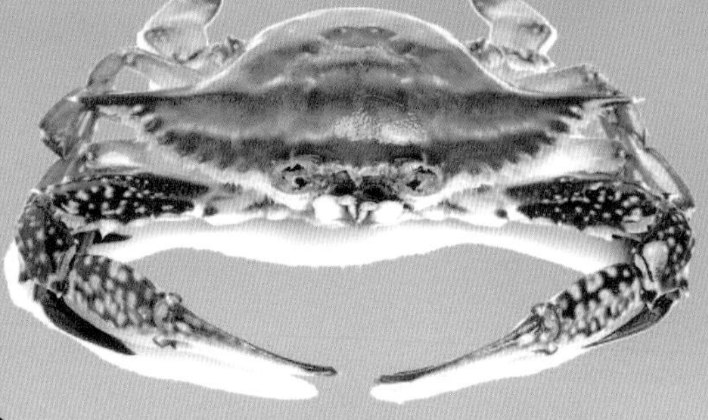

↑ 三疣梭子蟹

三疣梭子蟹可谓是我国个头较大的经济蟹类。乍一听，就会被这个奇怪的名字吸引，为什么称“三疣梭子蟹”呢？这得从它的外形说起。三疣梭子蟹头胸甲呈梭形，中央有3个疣状突起，三疣梭子蟹便由此得名。三疣梭子蟹肉白嫩质细，膏似

↑ 青蟹

凝脂，风味绝佳，“芙蓉菊花蟹”、“雪丽大蟹”，这些以梭子蟹为原料制作的美味佳肴经常作为宴席上的压轴菜，深受人们的喜爱。

青蟹也是我国重要的经济蟹类，多分布于东南沿海，盛产于广东沿海一带。青蟹蟹肉丰满、爽滑鲜甜，雌蟹膏黄稠密，蒸熟后膏质鲜红透亮、香滑可口。现在野生青蟹较少见了，市面上的青蟹多属人工养殖。

螃蟹不仅肉质鲜嫩，营养价值也极其丰富。螃蟹含有丰富的蛋白质、微量元素和多种人体所需的氨基酸。螃蟹的药用价值也受到人们的重视，有清热解毒、养筋接骨、活血祛痰、滋肝阴之功效。蟹壳含碳酸钙、蟹红素、蟹黄素、甲壳素、蛋白质等，可用于治疗跌打损伤、损筋折骨、血瘀肿痛等。螃蟹虽味美，但与一些食物相克，切记不要与红薯、蜂蜜、南瓜、橙子等一起食用，否则易引起不适。

↑ 蛤蜊

14. 蛤蜊

如果你来到青岛，青岛人会豪气地跟你说："走，请你哈（喝）啤酒，吃嘎啦（蛤蜊）！"从这句洋溢着热情又自豪的话语中可以体会到，吃蛤蜊定是件快事！蛤蜊味道鲜美，但不像鲍鱼、鱼翅等海鲜那样价高难求，被青岛人骄傲地称为"百味之冠"。

蛤蜊是双壳类动物，两壳形状对称，壳内面灰白色，壳面生长纹明显粗大，形成凹凸不平的同心环纹。壳顶尖，略向前屈，位于壳背缘中部稍向前端。可食的蛤类有花蛤、文蛤、斧蛤、圆蛤等诸多品种，颜色有红、白，也有紫黄、红紫等。

蛤蜊生活于浅海泥沙滩中，旧时每逢农历的初一、十五落潮，沿海的渔民和市民纷纷去海滩挖掘这一海味来解馋，江苏民间更是有"吃了蛤蜊肉，百味都失灵"的说法。青岛胶州湾的蛤蜊已成为外地游客必尝的特色美食。蛤蜊因肉质鲜美无比而广受欢迎，被称为"天下第一鲜"。

蛤蜊不仅味美价廉，而且营养也很全面。蛤蜊肉具有高蛋白、低脂肪的特点，还含有钙、磷、硒、氨基酸等多种营养成分。食用蛤蜊可帮助孕妇减轻孕期不良反应，还可为胎儿供给优质的营养。不仅如此，蛤蜊的药用价值也不容忽视。现代医学研究发现，在文蛤中有一种叫蛤素的物质，有抑制肿瘤生长的抗癌效应。同时，蛤蜊肉中含有抑制胆固醇在肝脏合成、加速胆固醇排泄的物质，因此蛤蜊还兼有降低胆固醇的功效。常食蛤蜊对甲状腺肿大、黄疸、小便不畅、腹胀等症状也有一定的疗效。

15. 牡蛎

提起牡蛎，最先浮上脑海的想必是《我的叔叔于勒》中吃牡蛎的场景吧。这篇由法国作家莫泊桑所著的文章已然被中国读者所熟知，也是从这篇文章里，我们知晓了吃牡蛎是件“文雅的事”。全文基调抑郁深沉，而吃牡蛎是其中少有的令人身心愉悦的片断，由此可见牡蛎味道之鲜美。

牡蛎

牡蛎，俗称蚝、生蚝，闽南语中称为蚵仔，身体呈卵圆形，生活在浅海泥沙中，属双壳类软体动物，世界上总计有100多种，中国沿海分布有20多种。现在人工养殖的牡蛎主要有近江牡蛎、长牡蛎、褶牡蛎以及太平洋牡蛎等。牡蛎的两壳较大，形状不同，表面粗糙，暗灰色，边缘较光滑；上壳中部隆起，下壳附着于其他物体上，两壳的内面均白而光滑，似绸缎。

牡蛎肉素有“海中牛奶”之美称，那是因为牡蛎的钙含量接近牛奶，铁含量是牛奶的21倍，不仅如此，牡蛎还是含锌量高的天然食品之一。牡蛎肉具有细肌肤、美容颜及降血压和滋阴补血、强身壮体等多种功用。同时，牡蛎的酸性提取物对脊髓灰质炎病毒具有抑制作用。因此在诸多海洋珍品中，许多人唯独钟情于牡蛎。西方称牡蛎为“神赐魔食”，我国唐代大诗人李白曾题诗曰“天上地下，牡蛎独尊”。

鲜牡蛎肉呈青白色，质地肥美细腻，既是美味海珍，又能美容、健体。

刚打开的鲜活牡蛎，水分充足，肉汁饱满，将其吸入口中，柔滑鲜嫩。不过，生吃牡蛎也有一定的危险，美国食品和药品管理局曾在其官方网站上警示人们不要生吃牡蛎，因为部分牡蛎可能会受到诺瓦克病毒的感染，生吃后易引起肠胃不适。

生吃牡蛎存在一定风险，因此熟吃牡蛎便受到人们的青睐。牡蛎的熟食方法很多，常见的熟食方法有碳烤牡蛎、清蒸牡蛎、炸蛎黄等。牡蛎虽美味，但多食久食易引发便秘和消化不良，因此牡蛎虽鲜美，可不要贪食哦！

16. 扇贝

扇贝是双壳类软体动物，因其壳形状好似一把扇子而得名，被人们亲切地称为“公主贝”。

扇贝用足丝附着在浅海岩石或沙质海底生活。扇贝平时不大活动，但感到环境不适宜时，能够主动将足丝脱落，做较小范围的游动，直至找到适宜的环境为止。扇贝尤其是幼贝，用壳迅速开合排水，游动很快，这在双壳类动物中是比较特殊的。扇贝是滤食性动物，对食物的大小很挑剔，但对种类却没有特殊要求。它们利用纤毛将大小合适的食物送入口中，不合适的颗粒则由腹沟排出。扇贝的主要食物为有机碎屑、悬浮在海水中的微型颗粒和浮游生物，如硅藻、双鞭毛藻，以及藻类的孢子、细菌等。

扇贝在大洋深处过着群居式生活，只有少部分生活在浅海。世界上出产的食用扇贝有 60 多个品种，我国几乎占了一半。在我国，捕捞野生扇贝主要在北方，以山东的东褚岛和长山岛两地最有名。20 世纪 70 年代以来，野生扇贝的产量与日剧减，人工养殖扇贝逐渐兴起。

扇贝的壳面多为紫褐色、浅褐色、黄褐色、红褐色、杏黄色、灰白色等，肋纹整齐美观，是制作贝雕工艺品的良好材料，深受人们的喜爱。扇贝不仅外形美观，而且肉质细嫩、味道鲜美、营养丰富，因此人们赞其“秀外慧中”。无论是在东方国家还是西方国家，扇贝都是一种极受欢迎的食材。

↑扇贝

17. 海螺

⬆ 海螺

你相信吗？走在海边，捡起一颗海螺，轻轻放在耳畔，便可听到大海呼啸的声音。关于海螺的传说有好多种，最受人们欢迎的便是海螺姑娘了。

海螺又称海赢、流螺、钉头螺、假猪螺，在我国沿海均有分布，与陆地上的蜗牛是近亲。螺壳呈螺旋状，大而坚厚，壳面粗糙，具有排列整齐的螺肋和细沟，壳口宽大，螺层分为6级，壳口内呈杏红色，并有珍珠光泽。因品种差异海螺肉可呈白色、黄色不等。海螺主要栖息在水深1～30米的浅海中，以海藻及微小生物为食。

海螺肉丰腴细腻、味道鲜美，素有“盘中明珠”的美誉。海螺还具有一定的食疗作用，其肉富含蛋白蛋、维生素和人体必需的氨基酸和微量元素，具有清热明目、利膈益胃的功效，高蛋白、低脂肪、高钙质的特点使其成为天然的动物性保健食品。在韩国，海螺汤被用作大病之后的复原汤；在日本，海螺也是最受欢迎的食品之一。海螺味甘、性冷、无毒，对头痛目赤、视物模糊等均有疗效，对大便秘结也有一定的治疗作用。海螺含有丰富的钙、镁、硒，对动脉硬化、心血管疾病有一定的防治作用。此外，海螺肉还有较多的蛋白质及氨基酸、碳水化合物，能增强人体的免疫功能。

海螺的外壳还可制作成美丽的工艺制品，可见海螺全身都是宝。

18. 鲍鱼

鲍鱼，虽有“鱼”字，却不属鱼类，而是海产贝类，原名“腹鱼”。因其外壳扁而宽，形状有些像人的耳朵，所以也叫它“海耳”。

鲍鱼

鲍鱼主要由坚硬的外壳和壳内柔软的内脏与肉足组成。壳的外表面粗糙，有黑色斑块，内面呈现青、绿、红、蓝等颜色，有珍珠般的光泽。值得注意的是，外壳的边缘有特别的孔，这些孔是海水流进流出的通道，便于鲍鱼摄取食物及排出废物。在生殖季节，生殖细胞通过这些孔排出，在海水中受精。

鲍鱼的软体部分有一个宽大扁平的肉足，这是鲍鱼的可食用部位。鲍鱼虽好吃，做起来却颇费些工夫，但人们在烹制鲍鱼时却不厌其烦，形成了各地的特色。欧洲人生吃鲍鱼，并把鲍鱼誉作“餐桌上的软黄金”。在我国，鲍鱼因其美味，被人们称为“美味之王”。清朝时期，宫廷中就有所谓的“全鲍宴”。

传统中医认为，鲍鱼味咸性平，能养阴、平肝、固肾，有平肝潜阳、止渴通淋的功用，主要治疗头晕目眩、高血压眼底出血等症状。鲍鱼肉中含有一种被称为“鲍素”的成分，能够抑制癌细胞的生长。鲍鱼的壳还是一味著名的中药材，称为“石决明”，也叫“千里光”，具有名目的功效。

鲍鱼鲜嫩美味的肉足和不可多得的药用价值，使其成为古代上贡之佳品，“贡品之首”当之无愧。

19. 乌贼

↑乌贼

乌贼是一种软体动物。乌贼有一层厚的石灰质内壳（俗称乌贼骨、墨鱼骨）。乌贼共有10条腕，其中8条是短腕，2条长触腕用于捕食，腕及触腕顶端有吸盘。乌贼的游动方式很有特点，素有“海中火箭”的美称。它们在逃跑或追捕猎物时，速度最快可达15米/秒，连奥运会百米短跑冠军也望尘莫及。乌贼不仅能在海洋中快速游动，而且有一套施放烟幕的绝技。乌贼体内有一个墨囊，囊内储藏着分泌的墨汁，这可是乌贼的“秘密武器”。受到危险时，它会紧收墨囊，喷出墨汁，使海水变得一片漆黑，墨汁中含有的毒素可以用来麻痹敌人，乌贼便趁机逃之夭夭。

乌贼虽然其貌不扬，但它全身都是宝。乌贼的内壳即乌贼骨，是中医常用药材，又称“海螵蛸”，有制酸、止血等功效。乌贼中含有多种维生素及钙、磷、铁等人体所必需的物质，是一种高蛋白低脂肪的滋补食品。它还是一种食疗佳品，如清炖乌贼干是熬夜的食补佳方，乌贼炖猪肚是月子餐的首选，乌贼干和绿豆煨汤可明目降火等。

乌贼不但有鲜脆爽滑的口感和较高的营养价值，而且在工业上有一定应用价值。乌贼墨囊里边的墨汁经加工可为工业所用；乌贼的内脏可以榨制内脏油，是制革的好原料；乌贼的眼珠可制成眼球胶，是上等的胶合剂。

20. 鱿鱼

鱿鱼，虽然名字中有“鱼”字，但它并不属于鱼类。鱿鱼又称句公、柔鱼或枪乌贼，是生活在海洋中的软体动物，由头部、足部、胴部和内壳组成。鱿鱼的眼睛略小，眼眶外有膜。它身体细长，呈长锥形，颜色苍白且有淡褐色斑点，有十几只触腕，其中两只较长。触腕前端有吸盘，吸盘内有角质齿环，捕食时可用触腕缠住猎物。鱿鱼分布于南、北纬 40° 之间的热带和温带海域，喜欢群居，春夏季交配产卵。

鱿鱼

美味的鱿鱼历来深受人们的喜爱，勤劳的人们研究出多种食用鱿鱼的方法，如炝爆鱿鱼卷、铁板烧鱿鱼、翡翠鱿鱼、辣炒鱿鱼等等，都广受欢迎。

鱿鱼除了含有丰富的蛋白质和氨基酸外，钙、磷、铁、碘、锰、铜等元素的含量也较高。适量食用鱿鱼对促进人体骨骼发育和提升造血能力十分有益。此外，鱿鱼中的多肽和硒等微量元素还有抗病毒、抗射线的作用。中医认为，鱿鱼具有滋阴养胃、补虚润肤之功效。需要注意的是，鱿鱼的胆固醇含量较高，高胆固醇、动脉硬化人群应慎食；鱿鱼性寒，脾胃虚寒的人也应少吃。

↑章鱼

21. 章鱼

还记得2010年世界杯上的“预言帝”保罗吗？在南非世界杯上它多次成功预测比赛结果，被赋予了各种神奇的色彩，足见保罗的“智慧”。而如此“聪明”的保罗其实是一只章鱼。

章鱼不属于鱼类，是海洋软体动物。因其长有8条腕，素有“八爪鱼”之称。全世界约有650种章鱼，它们的大小相差极大。章鱼的8条腕又细又长，腕上均有两排肉质吸盘。章鱼平时用腕爬行，有时借腕间膜伸缩来游泳，能有力地握持他物。章鱼躯干部呈卵圆形，头与躯体分界不明显，口中有一对尖锐的角质腭和锉状的齿舌，用以钻破贝类或虾蟹的壳，刮食其肉。

↑ 章鱼腕上有吸盘

章鱼具有“概念思维”，堪称“智力最高的无脊椎动物”。不仅如此，章鱼还拥有惊人的变色能力，可以随时快速地变换自己皮肤的颜色，使之和周围的环境协调一致。

章鱼，古时称为“章举”，食用章鱼在唐朝就已风行。章鱼的肉质没有乌贼脆，但相当紧实。章鱼属高蛋白食物，还含有丰富的矿物质，更富含天然保健因子——牛磺酸，有助于抵抗疲劳、延缓衰老。中医认为，章鱼性温平，味甘咸，可补血益气，尤其适合体质虚弱和营养不良者食用。同时，章鱼还具有收敛生肌的功效，可治疗气血虚弱、久疮溃烂；对头昏体倦、产后乳汁不足等也有很好的疗效。

22. 海龟

在大海中，有一种生物每到生育期便会来到海滩产卵，而这样的习惯，它们祖祖辈辈已经保持了约两亿年。它们曾经和恐龙一同生活在地球上，恐龙早已灭绝，而它们却依然从容淡定地活着。如此传奇的生物便是海龟。

↑ 海龟

海龟堪称地球上的“活化石”。沿海的人们将其视为长寿的象征，有“万年龟”之说。全世界现有7种海龟：棱皮龟、蠵龟、玳瑁、橄榄绿鳞龟、绿海龟、丽龟和平背海龟。最大的海龟是棱皮龟，长达2米，重达1吨，而最小的是橄榄绿鳞龟，仅75厘米长，40千克重。海龟最独特的地方就是龟壳，它可以保护海龟不受伤害。奇怪的是，与陆龟不同，海龟不能将头和四肢缩回到壳里。海龟的四肢呈桨形，前肢用来划水，后肢用来掌控方向，协调的肢体配合使其能够在大海中灵活地遨游。令人不可思议的是，海龟会“流泪”，这是因为海龟在吃食物的同时也吞咽海水，摄入了大量的盐，在海龟泪腺旁的一些腺体会排出这些盐，这就造成了海龟流泪的假象。

如此传奇的海龟现如今却面临着生存危机，所有的海龟都被列为濒危动物。沿海地区旅游业的发展使适合海龟筑巢的海滩越来越少。非法盗猎对海龟来说更是一场噩梦，不法分子无情地捕杀海龟，将它们的壳拿去制成梳子、眼镜框、首饰等，这不能不让我们心痛，愿大家携起手来，一起保护海龟，保护这种传奇的海洋生物。

23. 带鱼

渔民们常说带鱼“六亲不认”,为什么呢? 那是因为带鱼经常会自相残杀。当带鱼饥饿难耐时,不论是父母还是兄弟一概翻脸不认。实力相当的带鱼在搏斗时一定要分个你死我活才肯罢休。

顾名思义,带鱼身体侧扁而长,呈银灰色。它的背鳍和胸鳍呈浅灰色,并有细小斑点分布,尾部为黑色。带鱼嘴巴很尖,体逐渐变细,尾部好像一根细鞭。成年带鱼体长 1 米左右。带鱼是一种比较凶猛的肉食性鱼类,有“昼伏夜出”的习性。奇特的是,与一般的鱼类不同,带鱼游动时不借助鳍来划水,而是通过摆动身体的方式游动,且灵活自如,动作十分敏捷。

↑带鱼

带鱼肉质细腻,口味鲜美,易于加工,并可与多种食材搭配。带鱼性温,味甘,含有丰富的蛋白质、维生素 A、不饱和脂肪酸、钙、磷、铁等多种人体必需的营养成分。带鱼中还富含对心血管系统有保护作用的镁元素,经常食用可以有效预防高血压、心肌梗死等心血管疾病。带鱼营养丰富,适合老人、儿童、孕产妇食用,对血虚头晕、气短乏力以及皮肤干燥的人来说更是滋补佳品。

带鱼身上的银鳞可谓一宝。银鳞本身不是鳞,而是一层由营养价值较高的脂肪构成的表皮,我们称之为“银脂”,这种脂肪无腥无味,是一种对人体极为有益的优质脂肪,含有三种对人体有益的物质。其一是不饱和脂肪酸,它能帮助人体降低胆固醇,还能增强皮肤表面细胞的活力,使头发乌黑发亮,皮肤嫩滑细腻;其二是被誉为能使人返老还童的魔法食品——卵磷脂,它可以减少细胞的死亡率,从而延缓大脑衰老;其三是 6-硫代鸟嘌呤物质,是一种可贵的天然抗癌剂,可以防治白血病、胃癌、淋巴肿瘤等。

24. 鳗鲡

鳗鲡是一种洄游性鱼类，生于海中，发育后成群游入江河，成熟的雌鱼到秋季会洄游到海中产卵。鳗鲡常在夜间捕食，主要以小鱼、蟹、虾和水生昆虫为食。野生鳗鲡在春夏季节摄食强度最高，生长速度最快，在冬季则潜入泥中冬眠；池养鳗鲡在水温低于15℃或高于30℃时，食欲会下降，生长也会减缓。鳗鲡能用皮肤呼吸，有时离开水，只要皮肤保持湿润，短期内仍可生存。鳗鲡是常见的经济鱼类，生长期短，少刺多肉，味道鲜美，营养丰富。

鳗鲡

鳗鲡可谓全身都是宝。不管是它的肉、骨，还是血、鳔均可入药。中医认为，鳗鲡的肉性甘平，有滋补强壮的功效。鳗鲡肉富含蛋白质、维生素、矿物质以及不饱和脂肪酸等营养成分，长期食用可以增强体魄，提高免疫力，尤其适合孕妇与婴幼儿食用。

科学研究表明，鳗鲡富含EPA（二十碳五烯酸）和DHA（二十二碳六烯酸），经常食用不仅有助于降低血脂、抗动脉硬化、抗血栓，还能为大脑补充必要的营养。DHA能促进儿童及青少年大脑发育，增强记忆力，也有助于老年人预防大脑功能衰退。此外，鳗鲡兼有鱼油和植物油的有益成分，是补充人体必需脂肪酸和氨基酸的理想食物。鳗鲡中的锌、多种不饱和脂肪酸和维生素E的含量都很高，具有护肤美容功效，是女士的天然高效美容佳肴。

25. 河鲀

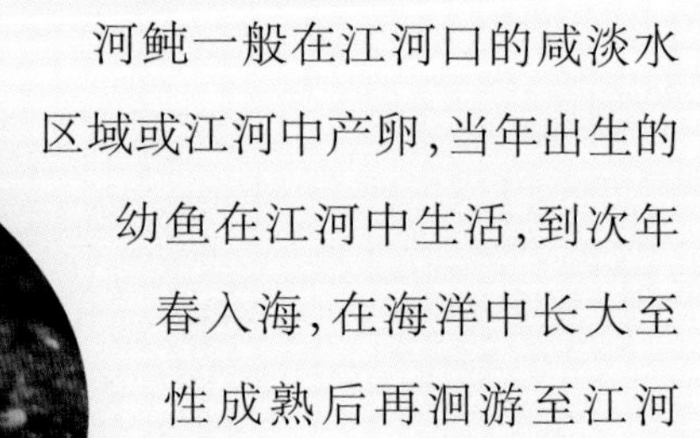

河鲀

河鲀一般在江河口的咸淡水区域或江河中产卵,当年出生的幼鱼在江河中生活,到次年春入海,在海洋中长大至性成熟后再洄游至江河产卵。

河鲀的身体侧面看呈椭圆形,前部钝圆,尾部渐细,生有很细的小刺。当河鲀受到威胁时,能快速地吸入水或空气,使身体膨胀两三倍,从而吓退敌人。河鲀上、下颌的牙齿都是连接在一起的,就像一块锋利的刀片,这使得河鲀能够轻易地咬碎硬珊瑚。有意思的是,河鲀可以用一只眼睛追踪猎物,另一只眼睛放哨,这一特点与海马相似。我国有30多种河鲀,常见的种类有黄鳍东方鲀、虫纹东方鲀、红鳍东方鲀、暗纹东方鲀等,其中以暗纹东方鲀产量最大。

河鲀可谓让人又爱又怕。众所周知,河鲀肉虽然鲜美,毒性却不能小觑。河鲀毒素为神经毒素,其毒性比氰化钾要高近千倍,河鲀肉中毒素含量较少,而卵巢和肝脏中毒素含量最多。在日本,经营河鲀料理的餐馆,必须取得国家承认的河鲀料理资格。

纯净的河鲀毒素是一种无色针状结晶体,属于耐酸、耐高温的动物性碱,为自然界毒性最强的非蛋白物质之一,0.5毫克便可致人死亡。河鲀毒性的大小因养殖环境的不同和季节的变化而有所差别。河鲀虽有毒,但又有一定的药用价值。经过处理后的河鲀毒素具有镇静、局麻、解痉等功效,能降血压、抗心律失常、缓解痉挛,还可用于癌症的介入治疗。

河鲀有毒,但仍挡不住人们对它的喜爱。切记不要擅自烹饪河鲀,要经过专业处理方可食用。

26. 黄鱼

黄鱼又名花鱼，因鱼脑中有两颗坚硬的石头——耳石，故又名石首鱼。听起来有点可怕，但这两颗石子对黄鱼的平衡能力和听觉有着重要作用。黄鱼通过收缩邻近鳔的"鼓肌"能使鳔壁共振而发出类似击鼓的声音。

黄鱼分为大黄鱼和小黄鱼，二者的外形和体色都很相似，那大黄鱼是不是小黄鱼的"放大版"呢？其实不是，仔细看看，它们还是有很大区别的。成年大黄鱼的个头比成年小黄鱼大，眼睛也较小黄鱼大一些。大黄鱼的尾柄长度是尾柄高度的3倍多，鱼鳞较小，细细的鱼鳞紧密地排列在一起。小黄鱼的体背比较高，鳞片呈圆形且较大，尾柄粗短，且尾柄长度仅是尾柄高度的2倍左右。不仅如此，大、小黄鱼的肉质也有差异。大黄鱼鱼肉肥厚但略显粗老，小黄鱼肉嫩味鲜但鱼刺较多。我们还有更有力的证据：大黄鱼是暖水性鱼类，小黄鱼则为温水性鱼类；小黄鱼有更明显的昼伏夜浮的垂直移动习性，有渔谚云："要捕大黄鱼向南走，网不要放

↑大黄鱼

↑小黄鱼

得太深;要捕小黄鱼向北走,网要往深里拖。”所以,归根到底,大黄鱼和小黄鱼是两种鱼,小黄鱼即使长大了,也不会成为大黄鱼。

但是,不论是大黄鱼还是小黄鱼,它们都属于黄鱼属,营养价值都很丰富。黄鱼含有丰富的蛋白质、微量元素和多种维生素、氨基酸,对人体有很好的滋补功效,如用黄鱼制取的水解蛋白可作为癌症病人的蛋白质补充剂。黄鱼的白色鱼鳔可做鱼胶,有止血之效,能防治出血性紫癜。黄鱼含有丰富的微量元素硒,可以清除人体代谢产生的自由基,经常食用可延缓衰老。中医认为,黄鱼有健脾升胃、安神止痢、益气填精的功效,对贫血、失眠、头晕、食欲不振及妇女产后体虚有良好疗效。

东海是大黄鱼的主产地,小黄鱼则活跃在渤海、黄海和东海,为我国渔业的主要捕捞对象。但如今在东海,大黄鱼已不再是绝对的优势种。小黄鱼虽数量不少,但大多是小鱼,其质量也不如从前了。因此,在捕捞鱼类的同时,更要注重使其休养生息,要知道,大自然的资源可不是“取之不尽,用之不竭”的哦!

27. 蓝点马鲛

在山东青岛,有这样一个习俗,每年谷雨前后女婿要送给岳父母两条鲅鱼,所以如果生个女儿,就会有很多人开玩笑说:"生一个闺女,得两条鲅鱼。"

蓝点马鲛

鲅鱼体色银亮,背部有暗色条纹或黑蓝斑点,因此又名蓝点马鲛,也称条燕、马鲛等。蓝点马鲛性情凶悍,牙齿锋利,捕食时好似猎豹,号称"海中杀手",它们的外形极为抢眼,"流线型"的身材使它们游动速度很快。蓝点马鲛主要以小型鱼类为食,也捕食一些甲壳类。在胶东半岛,蓝点马鲛曾是渔民一年中下海捕捞到的头一批货物,故而有"第一鱼"的名声。因为肉多实惠,渔民享受口福之后称它为"满口货"。蓝点马鲛在我国渤海、黄海和东海均有分布。

蓝点马鲛的肉质坚实细腻,肉呈蒜瓣状,肉多刺少。无论是红焖还是清炖,味道都非常鲜美。蓝点马鲛的脂肪含量较多,容易发生油烧现象,在烹饪时要多加注意。蓝点马鲛富含蛋白质、维生素A、矿物质等多种营养元素。在中医看来,蓝点马鲛有补气、平咳的作用,经常食用,对于体弱咳喘的人群有一定的益处。不仅如此,它还具有治疗贫血、产后虚弱、神经衰弱及预防衰老等功效,可谓味美、疗效多的海洋珍品。

28. 鲳鱼

鲳鱼，又名平鱼、镜鱼。为什么会有这样的别称呢？这是因为鲳鱼的身体扁平且闪着银光，就像一面镜子。鲳鱼游动在水里，闪闪发光，尾鳍呈叉状，别有一番景象。

鲳鱼体短而高，身体极为侧扁，略呈菱形，体长约20厘米。头较小，眼睛和鼻子都很小，前鼻孔为圆形，后鼻孔呈裂缝状。鲳鱼生活在近海的中下层，以小鱼和硅藻为食。它们分布在我国沿海，以南海和东海为主，黄、渤海则较少，有季节性洄游现象。

↑ 鲳鱼

鲳鱼作为一种兼具食用和观赏价值的鱼类，深受人们的喜爱。古代关于鲳鱼的记载就有很多，三国时的沈莹就曾在《临海水土异物》中写道："镜鱼，如镜形，体薄少肉。"鲳鱼如同纤秀的江南少女，不但体薄，而且口小牙细，具有观赏价值。鲳鱼肉嫩味美，尤以农历三月的鲳鱼味道最鲜，海边人有"正月雪里梅，二月桃花鲻，三月鲳鱼熬蒜心"的说法。

鲳鱼刺少肉鲜，又富含蛋白质、不饱和脂肪酸和多种微量元素。鲳鱼中丰富的不饱和脂肪酸有降低胆固醇的功效，而丰富的微量元素硒和镁，则对冠状动脉硬化等心血管疾病有预防作用，还能延缓机体衰老，预防癌症的发生。中医认为，鲳鱼味甘、性平，有补脾益气、补胃益精和柔筋利骨的功效，对消化不良、脾虚泄泻、贫血以及筋骨酸痛等症疗效甚佳。不仅如此，鲳鱼还可用于治疗小儿久病体虚、气血不足、倦怠乏力、食欲不振等症。值得注意的是，鲳鱼的卵有毒，有可能会引发痢疾，食用时需清洗干净。

29. 鲈鱼

“江上往来人,但爱鲈鱼美。”还记得范仲淹的《江上渔者》吗？说的就是中国“四大名鱼”之一的鲈鱼。关于鲈鱼有太多的赞美,下面就让我们一起揭开鲈鱼神秘的面纱。

鲈鱼

鲈鱼,又称鲈鲛,也称花鲈、寨花、鲈板、四肋鱼等,分布于太平洋西部、我国沿海及江河入海处。鲈鱼体长而侧扁,背部稍稍隆起,头略尖,一般重1.5～2.5千克,最大个体可达15千克以上。盛产于上海松江一带的松江鲈鱼鱼身通常呈青灰色,两侧和背鳍上有黑色斑点,因每个鳃盖上有一条较深的折皱,看上去好像有四个鳃,所以有人把它叫作“四鳃鲈鱼”。

鲈鱼的盛名与魏晋时期的一位文人分不开。这位名为张翰的名士在洛阳为官,因想念家乡鲈鱼的美味毅然辞官回家,如此的真性情成就了“莼鲈之思”的美谈,也使得鲈鱼的美味家喻户晓。鲈鱼因其肉质白嫩鲜美,是我国的出口鱼类品种。它的肉质坚实,无腥味,肉如蒜瓣,无论清蒸、红烧或炖汤,都别有一番风味。

鲈鱼含有多种营养成分,包括蛋白质、碳水化合物、钙、铁,以及维生素B_1、B_2等,因而对肝肾、脾胃都有补益,还有化痰止咳的功效。同时,鲈鱼是准妈妈和产妇的滋养补品,可治疗胎动不安及产后少乳等症。

30. 鳕鱼

鳕鱼，又名鳘鱼，背部有三个背鳍，大头大眼大嘴巴，下巴上还长了一根细细的小胡须，让人一看便忍俊不禁。在中国北方人们称鳕鱼为“大头鱼”，朝鲜人则称其为“明太鱼”。鳕鱼肉质嫩滑紧实、脂肪含量低、清口不腻，许多国家把它作为主要食用鱼，因而鳕鱼成了全世界年捕捞量最大的鱼类之一。

↑鳕鱼

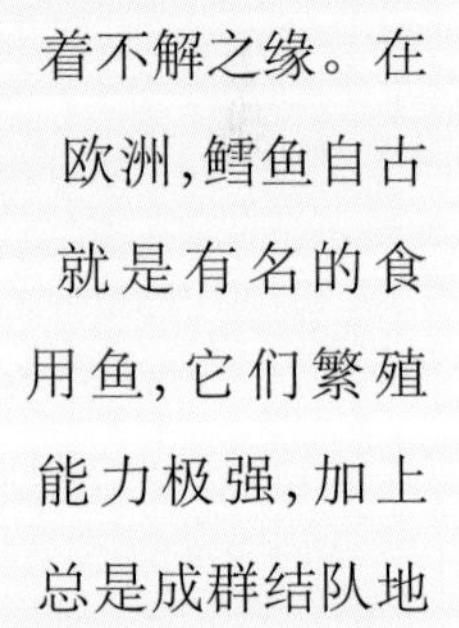

鳕鱼还被称为“欧洲明星”，这是因为鳕鱼与欧洲人有着不解之缘。在欧洲，鳕鱼自古就是有名的食用鱼，它们繁殖能力极强，加上总是成群结队地游到浅海，故很容易捕获。鳕鱼可谓挪威人的最爱。鳕鱼的肝脏含油量极高，还包含大量维生素 A 和 D，故而极适合用来提炼鱼肝油。1851 年英国爆发了“大头娃娃”流行病，人们通过食用鳕鱼等深海鱼的肝脏得到了有效治疗。由此，挪威人养成长期服用鳕鱼鱼肝油的习惯，这一习惯赋予了挪威人睿智、高寿以及强健的体魄，所以鳕鱼被挪威人奉为“国宝”。在葡萄牙，还会有一年一度的“鳕鱼”文化节，城市中也随处可见专做鳕鱼的餐馆，可见欧洲人对鳕鱼的喜爱。

清蒸鳕鱼清淡爽口，简便易做，有活血止痛的功效。鳕鱼中富含不饱和脂肪酸 EPA 和 DHA，能降低糖尿病患者血液中的总胆固醇含量。鳕鱼肉中还含有丰富的镁，对心血管系统有很好的保护作用，有助于预防高血压、心肌梗死等心血管疾病。鳕鱼胰腺含有大量的胰岛素，有较好的降血糖作用，可用于治疗糖尿病。以鳕鱼为原料，运用现代生物工程技术和酶工程技术提取的小分子肽，富含可溶性钙，有较高的生物安全性且极易被人体吸收。

31. 石斑鱼

石斑鱼因其身上的花色条纹和斑点而得名。它的外貌给人留下深刻印象:短而胖的身体上有许多黄绿色的斑点,背上长着长长的尖刺,大大的头上长着一双凸出的眼睛和两片厚厚的嘴唇。石斑鱼喜欢在海里捕捉小鱼小虾吃。千万不要被它憨厚的外表所蒙蔽,它的牙齿非常锋利,捕猎时异常凶猛。

石斑鱼多栖息于热带及温带海洋,尤其喜欢栖息在沿岸岛屿附近的岩礁、砂砾、珊瑚礁底质的海区,一般不群居。神奇的是,石斑鱼不仅有变色的本领,可以把自己伪装起来躲避敌害,更具有变性的能耐。石斑鱼为雌雄同体动物,第一年性成熟时期为雌性,第二年再转换成雄性。

↑石斑鱼

野生石斑鱼主要分布在太平洋和印度洋暖海域,由于它们生活在礁岩缝隙间,加上不像鳕鱼那样喜欢结成群,因此捕捞量有限,市场上的供应量少,价格偏高,但因其味道鲜美而供不应求。石斑鱼肉质细腻有弹性,味道让人联想到鸡肉,因此许多食客把它叫作“海鸡肉”。

石斑鱼的美味让人欲罢不能,其食疗价值也不可小觑。石斑鱼的蛋白质含量高而脂肪含量低,除含人体所必需的氨基酸外,还富含多种无机盐和维生素。值得一提的是,因为石斑鱼经常捕食鱼、虾、蟹等,所以体内含有珍贵的天然抗氧化剂——虾青素。虾青素具有延缓器官和组织衰老的功能,再加上石斑鱼的鱼皮胶质中含有丰富的胶原蛋白,配合抗氧化剂能产生美容护肤的作用。因此,石斑鱼有“美容护肤之鱼”的称号。

石斑鱼低脂肪、高蛋白,是高档宴席常备的佳肴,被奉为“四大名鱼”之一。

⬆三文鱼

32. 三文鱼

三文鱼，又名鲑鱼，是一种非常有名的溯河性产卵洄游鱼类，生在江里，长在海里，然后再长途溯游到江里产卵。三文鱼鳞小刺少，肉质紧实细腻富有弹性，肉色粉红，生食、熟食皆可，是西餐中常用的名贵鱼之一，在日式料理中经常做成刺身和寿司。三文鱼以挪威的产量最大，最富盛名的产自美国的阿拉斯加海域和英国的英格兰海域。

作为典型的溯河性产卵洄游鱼类，三文鱼在淡水中产卵、孵化，鱼苗随着溪水游回大海，在海洋中长大成熟。每年的 7～10 月，会有成千上万条三文鱼从太平洋游至加拿大佛雷瑟河上游繁殖后代。行进的过程异常艰难，每行进一个阶段就有一个层梯式的“增高”。每到一个“层梯”，就好比我们上台阶一样，需要迈步向上，而三文鱼只能靠不停地跳跃。因为特殊的环境及特别的产卵习惯，三文鱼必须到达高海拔层才可以产卵。因而它们需要跃过众多“台阶”，经历漫长的洄游之路。不仅如此，在途中，还有许许多多即将冬眠、需要补充食物的熊等着享受它们的鲜美。只有度过层

三文鱼肉切片

层难关后，三文鱼才可以抵达最上游，在平静的湖里产卵。产卵后，三文鱼会死亡。孵出的小鱼苗将会重新回到海洋，成长之后，它们又会沿着父母游过的路线成群洄游，奇怪的是它们总是能准确找到自己的出生地，重复同样的悲壮！这就是三文鱼奇迹般的繁衍方式。

三文鱼肉质极佳，是料理界的上品。日本是世界上消费三文鱼最多的国家，生吃三文鱼可谓日本人的最爱。三文鱼体内富含虾青素，而虾青素是迄今为止发现的最强的抗氧化剂，能够延缓细胞的衰老，提升人体的免疫力，对癌细胞也有极强的抑制作用。生活在严寒北极圈内的因纽特人虽然食物单一，却体质强壮，基本上不会患心脏病、糖尿病、动脉硬化等疾病。研究表明，这也许与他们长期以三文鱼为食有关。三文鱼富含不饱和脂肪酸，经常食用能有效降低血脂和血胆固醇。中医认为，其肉既可补虚劳、健脾胃，又可治消瘦、水肿、消化不良等症。

可见，三文鱼既使人们得到了舌尖上的享受，又满足了人体健康的需求。“落叶归根”、坚强洄游的三文鱼真的是“海中珍品”。

33. 金枪鱼

你吃过金枪鱼寿司吗？带有轻微的大理石纹理的金枪鱼肉取自金枪鱼上腹，不肥不腻，配上藏在鱼片和米饭之间的芥末酱，一旦触及味蕾，香味便萦绕舌尖，让人赞不绝口。这道寿司之所以成为人间美味，最关键的就是食材——金枪鱼。

为什么金枪鱼肉质特别鲜嫩？这是由于它是大洋洄游性鱼类，必须时常保持快速游动，瞬时游速可达160千米每小时，一般时速为60～80千米，作为“游泳健将”的它有着一身“好肌肉”。金枪鱼一般在大洋深处活动，受到环境污染的概率小，其鱼肉不仅生食是美食中的极品，熟食也很鲜美，有“海底鸡”和“海洋黄金”的美誉。

金枪鱼又叫吞拿鱼，全世界的金枪鱼有30多个品种，我国产有十几种，其中经济价值较高的有蓝鳍金枪鱼、马苏金枪鱼、黄鳍金枪鱼等。不管是何种金枪鱼，它们均具有共同的特征：身体呈纺锤形，很健壮，胸部有大鳞片，头部呈青蓝色，腹部呈灰白色。值得注意的是，与绝大多数鱼类不同，金枪鱼是热血的。体温高和新陈代谢旺盛使金枪鱼的反应矫捷迅速，是海洋中的“超级猎手”。

金枪鱼除了鲜销外，还可经冷冻制成冷冻金枪鱼肉，制成生鱼片、寿司、调味食品或罐装食品。金枪鱼这么受欢迎，不仅因为它的美味，还因为它营养丰富。与其他肉类相比，金枪鱼肉蛋白质含量很高，又含有丰富的氨基酸和DHA，经常食用金枪鱼，有利于脑细胞的再生，可促进大脑发育，改善记忆力，预防老年痴呆症，防治视力低下，还能有效防治缺铁性贫血。

34. 加吉鱼

加吉鱼，又叫真鲷、铜盆鱼，分为红加吉和黑加吉两种，其中红加吉尤为名贵。加吉鱼自古就是鱼中珍品，民间常用来款待贵客。在我国胶东沿海都有出产，以蓬莱海湾的品质最佳。每年初春，香椿树上的叶芽长至一寸长时便是捕获加吉鱼的黄金时节，有"香椿咕嘟嘴儿，加吉就离水儿"的民谚。

黑加吉虽不如红加吉好看，但它却别有一番风味。黑加吉体表呈青灰色，有黑色斑纹，色泽素丽，看起来英姿飒爽；背上丛立的硬棘尽显朋克风范，使得黑加吉硬朗了不少。帅气的黑加吉捕食能力也很强，它们常常借助礁石、海浪去搜寻食物，活像一位位小特工。

⬆ 加吉鱼

加吉鱼取"吉上加吉"之意，承载着人们祈盼富贵吉祥的美好愿望，又因其身形优美，符合人们的审美倾向，因而备受人们的喜爱，是招待贵宾的必备菜。不仅如此，加吉鱼肉质坚实细腻，白嫩肥美，鲜味醇正。加吉鱼最鲜美的部位当属它的头部，因为头部含有大量的脂肪且胶质丰富，熬出来的鱼汤汁浓味美，还可以解酒。加吉鱼营养丰富，富含蛋白质、钙、钾、硒等营养元素，可为人体补充丰富的蛋白质及矿物质。中医认为，加吉鱼具有补胃养脾、祛风、运食的功效，尤适于食欲不振、消化不良、气血虚弱者食用。

富有吉祥之名的加吉鱼常用于招待贵客或举办宴席，清蒸加吉鱼还是山东蓬莱"八仙宴"中必不可少的一道名菜，连神仙都如此喜欢加吉鱼，足见其味美肉鲜了！

35. 多宝鱼

多宝鱼，学名大菱鲆，属于鲽形目，鲆科，俗称欧洲比目鱼。原产于欧洲大西洋海域，是世界公认的优质比目鱼之一。

多宝鱼身体扁平，两眼位于头部的左侧，长相堪称奇特，头部及尾鳍均较小，鳍条为软骨；体内无小骨乱刺，骨头呈白色玉石状，鱼肉丰厚白嫩。多宝鱼主要分布于大西洋东侧沿岸，是名贵的低温经济鱼类。它能够适应低水温生活，而且生长速度很快，多宝鱼在自然环境中摄食习性为肉食性，幼鱼期摄食甲壳类，成鱼则捕食小鱼、虾等。

↑ 多宝鱼

多宝鱼皮下和鳍边含有丰富的胶质蛋白，味道鲜美，营养丰富，具有滋润皮肤和美容养颜的功效，经常食用还能补肾健脑，提高免疫力。多宝鱼的食用方法多为清蒸、清炖，但多宝鱼也是做生鱼片的好材料，其头、骨、皮、鳍可以做汤熟吃。在欧洲，人们将肉质鲜嫩、口感清香的多宝鱼制成鱼排和鱼片。而古罗马人早就把它当作美味，还给它起了一个“海中雉鸡”的名字。生长速度快、肉质好，养殖和市场潜力大等优点，使多宝鱼成为欧洲各国开发的优良海水养殖鱼类之一。1992 年引进我国，现已成为我国北方沿海重要的养殖品种。

多宝鱼具有润肤美容、补肾健脑等药用疗效，怪不得人们如此喜爱它！

36. 鲻鱼

鲻鱼细长，有些像棒槌，所以人们又给它起外号为"槌鱼"。鲻鱼眼圈大，内膜与中间带呈黑色，像是熬夜后的黑眼圈。

鲻鱼一点也不"娇气"，它不像某些鱼对温度和盐度有严苛的要求，对环境的适应能力非常强：无论是在淡水、咸淡水中还是在盐度高达40的海洋中，它都能悠哉游哉；不论水温低到3℃，还是高到35℃，生活都没问题。当然，鲻鱼更喜欢温暖的地方。温热带海域、浅海或河口水深1～16米的水域，都是它经常栖息的地方。天冷时鲻鱼便会游到深海中生活。如此"好脾气"的鲻鱼自然也不会挑食，海底淤泥上的附着物以及小型生物它都吃得津津有味，就连藻类也不拒绝，把自己养得肥肥美美的。

↑ 鲻鱼

鲻鱼无细骨，鱼肉香醇而不腻，味道鲜美，营养价值也很高。鲻鱼肉蛋白质含量为22%，脂肪含量为4%，富含B族维生素、维生素E、钙、镁、硒等人体所需的营养元素，因而早在3000多年前，鲻鱼就成为王室的高级食品之一。此外，鲻鱼的药用价值也引起人们的关注。中医认为，鲻鱼肉性甘平，有健脾益气、消食导滞等功能，对脾虚、消化不良、小儿疳积及贫血等病症都有一定的疗效。

提到鲻鱼，便不得不提"乌鱼子"。这是鲻鱼的哪个部位呢？——是它的卵巢。上好的乌鱼子表面呈琥珀色，几乎透明，丰美而坚实。乌鱼子含有丰富的蛋白质、维生素A和脂肪，且脂肪的主要成分是蜡脂，有补养神经的功效，比一般鱼卵所含有的磷脂更加珍贵。这样珍贵的乌鱼子，吃起来也很讲究。乌鱼子的做法是，将鱼子漂清，除去附带物，放在木板下适量压除水分，再取出整形，用麻绳扎好，挂起来晾干。如果把它放在生葱上，用白萝卜片包裹，一道入口，慢慢咀嚼，便更有一种只可体会不可言说的滋味。

上好的鲻鱼，清蒸也好，煎炸也可，油浸也行，就算把它加工成鱼糜、鱼丸、鱼罐头等，都是营养、保健和美味兼备的食品。鲻鱼以其朴实的生活习性和多样的食用价值深受人们的喜爱。

乌鱼子

37. 鳀鱼

⬆ 鳀鱼

鳀鱼，身体细长，侧扁，腹部圆润，而尾鳍则为叉形。身体背面呈蓝黑色，体侧有一条银灰色纵带，腹部呈银白色。鳀鱼居所很广，在西太平洋、秘鲁沿海、大西洋东部等海域均有分布，是世界资源量最大的鱼类之一。值得注意的是，鳀鱼的趋光性极强，常环绕光源回旋游动。春季沿海岸北上，秋季则沿海岸南下，在适合的水温带产卵、索饵和洄游。生活在浅海的鳀鱼，属于温水性中上层小型鱼类。

鳀鱼虽然个体小，但营养价值很高。据研究，鳀鱼鱼肉富含蛋白质和脂肪。其蛋白质含有人体需要的16种氨基酸，其中的谷氨酸和甘氨酸是鳀鱼味道鲜美的原因所在。鳀鱼脂肪中的不饱和脂肪酸，对防治心血管疾病具有特殊疗效，在防癌抗癌、延缓衰老方面也具有重要的作用。关于鳀鱼中富含的脂肪还有一段小插曲。要知道，鳀鱼并不是一开始就深受人们的欢迎。因为鳀鱼的脂肪含量很高，还容易腐败，所以人们都不爱搭理它。但是，渐渐地，人们发现从鳀鱼中可以提取鱼粉和鱼油，而且经济效益还不低，所以在20世纪90年代，便出现了一股鳀鱼“热”。

鳀鱼不仅营养丰富，味道也很鲜美，可做多种菜肴，尤以做汤为佳。鳀鱼亦可炒蛋、拌咸菜，即使清炖鳀鱼亦不失为下酒佳肴。鳀鱼的加工方法很考究，要用大锅将水煮沸，倒入鲜鱼，待水沸后立即捞出薄摊于竹簟上、晒干后拣去杂质，去除碎末，方为成品。成品以质地干燥、光泽明亮、外观整齐、味鲜香浓、咸淡适口著称，为海味之珍品。

38. 凤鲚

凤鲚，俗称凤尾鱼。“凤尾鱼”这个名字，让人自然联想到凤凰，难道凤尾鱼真的像凤凰那样令人惊艳吗？事实上，凤尾鱼的长相很平凡。它体型娇小，一点都不圆润，身材扁扁的，尾部尖细窄长。凤鲚属于河口性洄游鱼类，平时栖息于浅海，每年春季成群从海中洄游至江河口半咸淡水区域产卵。说到产卵，凤尾鱼可谓“英雄母亲”，据说，一尾雌性凤尾鱼的怀卵量为5000～18000粒，且怀卵量随体长的增长而增加。凤尾鱼的幼鱼以桡足类、端足类幼体为食，而成鱼则主要摄食糠虾和毛虾等。

凤鲚

凤尾鱼肉质细腻，口感鲜美，一直是宴席上不可多得的美味佳肴。清代王世雄《随息居饮食谱》就有提到，凤鲚“味美而腴”。凤鲚的食用方法多样，既可以红烧、油煎、清蒸，也可以制成罐头食用。不管如何烹饪，相信凤尾鱼的味道都不会让你失望。晒干后的凤尾鱼鱼卵，俗称凤尾子，味道鲜美爽口，但不能贪食，因为凤尾子的油质相对比较多，吃多了会闹肚子。

千万不要以为凤尾鱼只是一道珍馐，它还是医药界的宠儿呢。中医认为，凤尾鱼性温、味甘，具有补中益气、泻火解毒、活血化瘀等功效，可用于治疗消化不良、脾气虚损、恶心欲吐、大便溏滞、病后体弱及疥疮、痔瘘等病症。现在科学研究表明，凤尾鱼含有蛋白质、脂肪、碳水化合物、钙、磷、铁、锌、硒等营养物质。儿童经常食用，可帮助智力发育。另外，近年来，医学家还发现，凤尾鱼能够增加人体血液中的抗感染淋巴细胞的数量，也有益于提高癌症病人对化疗的耐受力。

39. 鮟鱇

鮟鱇这种鱼既像老头，又像蛤蟆——它能发出像老人咳嗽似的声音，它的身体平扁、头大，躯干部粗壮呈圆柱形，跟蛤蟆一样，所以又叫老头鱼或海蛤蟆。由上往下看，鮟鱇通体无鳞，背面褐色，像有柄煎锅一样。

鮟鱇是肉食性鱼，它的嘴巴可以用“恐怖”来形容——血盆大口像身体一样宽，大嘴巴里长着两排坚硬的牙齿。鮟鱇头部上方有个肉状突起，前段像钓竿一样，末端膨大，看起来很像鱼饵。鮟鱇的胃口很大，它们常利用此饵状物摇晃，引诱猎物，等猎物靠近时，鮟鱇鱼就会张开可怕的大嘴，以迅雷不及掩耳之势把猎物一口吞到肚子里，凶猛至极。一不小心，狮子鱼、白姑鱼等中下层鱼类就会成为鮟鱇的腹中餐。

↑鮟鱇

虽然鮟鱇如此凶猛，但它的肉质鲜美，具有较高的营养价值和药用价值。鱼身包括皮、肉、鳃、肝、鳍、胃和卵巢等都可以加工成食品或提炼出药物。其鱼肚、卵均是高营养食品，其皮可制胶，其肝可提取鱼肝油，就连它的鱼骨也有作用，是加工明骨鱼粉的原料。在日本关东，鮟鱇被誉为人间极品，有“西有河鲀、东有鮟鱇”的说法。鮟鱇肉质紧密如同龙虾，结实不松散，纤维弹性十足，鲜美更胜一般鱼肉，胶原蛋白十分丰富，胶原蛋白可是美容养颜的“圣品”，深受女性的喜爱。鮟鱇鱼肉中富含钙、磷、铁等多种微量元素，对人体有重要的作用。鮟鱇肝有“海底鹅肝”之称，具有清热解毒的功能。经常食用鮟鱇肝脏，还有助于保护视力、预防肝脏疾病的发生。

40. 军曹鱼

要问海鱼世界里谁长得像艘小军舰，那名单里一定有军曹鱼的名字。

军曹鱼

军曹鱼身材细长，体表的纵带十分引人注目，胸鳍呈淡褐色，腹鳍和尾鳍上边缘则呈灰白色。少数军曹鱼的体色会与众不同，并有排列整齐的发光点。这些发光点耀眼夺目，数量可达300个之多。这些发光点究竟是怎样发光的呢？原来，这些发光器官的表面覆盖着一层不透光的膜。发光器官的前端有一“透镜”装置，聚光作用由此产生，发光器内部的一种黏液具有在黑暗中发光的特性，因而军曹鱼有了“发光”这项技能。但它们平时几乎不用自身发的光来照明，只有到了交配季节，军曹鱼才会大放光辉。

军曹鱼常见个体体长25~66厘米，大的体长可达1米以上，体重数十千克。如此大的军曹鱼以虾、蟹和小型鱼类为食，吃得多，吃得快，消化能力强，因而军曹鱼把自己养得肥肥的，它的含肉率可达68%，食用价值很高。和金枪鱼一样，军曹鱼肉质鲜嫩，也是制作生鱼片、烤鱼片的上好材料。不仅如此，军曹鱼肉中含有丰富的氨基酸，而氨基酸是构成生物体蛋白质的最基本物质，是生物体构成蛋白质分子的基本单位，与生物的生命活动有着密切的关系，是生物体内不可缺少的营养成分之一。军曹鱼肉中不饱和脂肪酸和微量元素也较丰富，因而具有较高的营养价值和药用价值，尤适于气虚体质人群食用。

军曹鱼以其生长速度快、营养价值丰富、市场价值高等优点，已成为很受欢迎的人工养殖海鱼种类。

41. 日本鱵

如果一望无际的平静海面,突然跃出一排排惊慌失色的小鱼小虾,那么十有八九就是日本鱵在捕食了。日本鱵俗称针良鱼。针良鱼的身体细长,略呈圆柱形,背、腹缘微隆起,头较长,顶部及两侧平坦,近腹部变窄,近似呈三角形。它们的体背呈青绿色,腹部则呈银白色。光看针良鱼的长相,就知道它绝不是等闲之辈。长达10厘米的喙状利嘴是最醒目之处。可以想象,疾速前进的针良鱼,活脱脱就是一支离弦的利箭。

日本鱵

凶猛的针良鱼,却拥有一堆文雅的名字,如因其嘴尖似针而得名的"针鱼",因其身段苗条而得名的"鱵姑娘",因其嘴型长得像仙鹤而称的"鹤嘴鱼"等。针良鱼主要分布在北太平洋西部,我国只产于黄海和渤海,尤其集中于浅海河口处,有时候也会进入淡水江河生长。

针良鱼含有丰富的蛋白质、脂肪、钙、钾、维生素E和维生素B_2等,具有很高的营养价值。蛋白质能促进机体细胞的新陈代谢,升级免疫系统,保障生命活动的正常运作,钙元素则可增加骨骼强度,尤适于老人、儿童食用。山东莱州人更是把吃针良鱼称为"过鱼市"。在他们看来,吃过这种鱼后全年都病毒不侵。针良鱼的食用方法多种多样,各有各的风味与特色。煎炸、醋焖后的针良鱼不仅肉质紧致细腻,而且味道鲜美、回味无穷。另外,针良鱼还是包水饺和氽丸子的极佳食材,是沿海居民饭桌上的常客。值得一提的是,"过鱼市"时可不能三心二意,说说笑笑,一定要小心翼翼,细嚼慢咽。性情凶猛的针良鱼骨子里都透着一股狠劲,它的鱼刺十分坚硬,吃的时候一定要留神哦!

42. 圆斑星鲽

在大海里，有这样一种鱼，身体扁扁的，鳍上有一些黑色的圆形斑点，因而得名圆斑星鲽，俗名叫作花斑宝、花豹子、花瓶鱼、花片等。奇怪的是，圆斑星鲽不像一般动物那样左右对称，它的两只眼睛都长在身体的右侧。这个特征很显著也很重要，特别是在你分不清它是鲆还是鲽的时候，只要记得“左鲆右鲽”就行了。在海底生活时，圆斑星鲽有眼睛的一侧朝着水面，另一侧贴着水底。

⬆ 圆斑星鲽

圆斑星鲽不“挑食”，它吃的东西种类可多了，小杂鱼、小虾、小蟹、小型贝类它都吃，像沙蚕这类大多数鱼类喜欢吃的生物它自然也喜欢吃。当然，上面说的这些主要是圆斑星鲽在自然环境中的食谱，养殖的圆斑星鲽只能吃人们根据其生长的需要配好的饲料。当然，人们也会加点鲜杂鱼在饲料里面让它们尝尝。

圆斑星鲽的肉洁白如玉，细嫩鲜美，其内脏团小，出肉率高，是制作生鱼片的高档鱼。圆斑星鲽不仅味道鲜美，而且营养丰富。其皮下含有丰富的胶质，还含有不饱和脂肪酸。不饱和脂肪酸具有降血脂、抑制血小板聚集、降血压、提高生物膜液态性、抗肿瘤、抗炎和免疫调节等作用，能显著降低心血管疾病的发病率，是人体必需的脂肪酸。圆斑星鲽易于烹饪，清蒸或者红烧都可。味道鲜美、营养丰富的圆斑星鲽属于名贵鱼类，其市场价格较高，有着很高的经济价值。

43. 鲨鱼

看过电影《大白鲨》的朋友们，一定不会忘记那条恐怖的食人鲨吧，确实，鲨鱼有着“海中狼”的称号！因为它是肉食性鱼类，捕猎时会用锋利的牙齿撕咬猎物，让人不寒而栗。

鲨鱼的牙齿究竟锋利到什么程度呢？——可以轻而易举地咬断一根手指般粗的电缆。另外，鲨鱼的牙齿有五六排，除了最外排的牙齿日常使用外，其余的几排都是留着备用的。一旦最外一层的牙齿脱落，里面一排的牙齿便会向外移动，进行补位。虽然鲨鱼牙齿数量众多，但其形状并不统一，有的牙齿像尖刀，有的牙齿呈锯齿状，还有的牙齿呈扁平臼状。这些形态各异的牙齿功能强大，使得鲨鱼“吃嘛嘛香”。

大白鲨

虽然鲨鱼给人凶神恶煞的印象，但实际上，在数百种鲨鱼中，只有少数几种才会吃人，如大白鲨、鼬鲨和公牛鲨。因为鲨鱼需要相当多的脂肪来补充能量，而人的脂肪相对来说比较少，根本无法满足它的需求，所以在它们的猎物单上，人类其实很少上榜。鲨鱼的嗅觉异常敏锐，尤其是对血腥味极为敏感，有伤病的海洋生物即使出血量很少，鲨鱼也会闻“腥”而来。

虽然鲨鱼如此凶猛，但也未能抵挡住人们探寻美食的脚步。鲨鱼的鳍中有细丝状的软骨，经加工可制成海产珍品，也就是人们常说的鱼翅。自清代起，鱼翅便被列入“海味八珍”中，成了餐桌上的奢侈品。更有俗语“无翅不成席”，可见人们对于鱼翅的痴迷程度。不少人认为鱼翅具有丰富的营养成分，能起到保健滋补的功效。其实，鱼翅的主要成分是蛋白质，而且是一种不完全蛋白质。目前，还没有确切的科学根据证明鱼翅有什么特别的功效，鱼翅之所以被誉为海中珍品，多半是因为“物以稀为贵”，鱼翅本身的营养价值或许并没有那么高。但鲨鱼却未能逃脱厄运，人类为了满足口腹之欲和经济利益还在不断对鲨鱼进行捕杀。

“没有买卖，就没有杀害。”为了维持生态系统的稳定以及保护生物多样性，我们应该保护鲨鱼，防止这种曾和恐龙生活在同一时代的生物陷入灭绝的境地。

44. 海马

↑海马

你相信吗？海中也有马。这匹“小马”还是袖珍型的，体长只有十几厘米，最大的不过30厘米，它就是海马。虽然叫海马，但它其实属于鱼类，因为长了一个酷似马头的鱼头，所以人们就叫它“海马”了。

海马有一双神奇的眼睛，可以上下左右灵活转动，可谓360°无死角旋转，由于身体不能轻易转动，海马只能依靠这双好用的眼睛来观察环境了。海马身披环状的骨质板，有些像士兵的盔甲，它还有一条像大象鼻子一样灵活的尾巴。海马有些“头重脚轻”，如果平时不用尾巴卷住海藻的茎枝，就有可能失去平衡。如果为了觅食不得不离开海藻一会儿，它就会直立在水中，靠背鳍和胸鳍做高频率的波状摆动来移动，游一会儿后，就会找其他的海藻或其他物体，“歇会儿”再出发。

海马喜欢栖息在水温较高、水质澄清、藻类繁茂的浅海区。最重要的是，热带、亚热带地区生活的生物种类和数量都很多，这样海马就不用“为吃发愁”了。海马主要摄食小型甲壳动物，常用自己细长的吻管吸食食物，对大海马来说，每天吃掉100多只小虫、小虾是再平常不过的事了。

大千世界，无奇不有。在海马家族，雄海马负责孵化小海马。海马的繁殖能力很强，一年可以“怀孕”10多次，而且海马每胎可产数十尾至百多尾，多的还能达到千尾以上。

“北有人参，南有海马”，别看海马小巧，它可是一种名贵的药材，据《本草纲目》等医书记载，海马具有温通任脉、壮阳道、镇静安神、散经消肿、舒筋活络、止咳平喘等功效。海马中药用价值较大的种类有三斑海马、冠海马和大海马。

海马不仅有较高的药用价值，而且具有一定的观赏价值。海马经加工后仍保留其原有形状和斑纹，美观华丽，可以用来制作耳环、胸针、钥匙扣等装饰品。

↑海马干

45. 海鸥

海鸥是最常见的海鸟，身披洁白的外衣，温顺可爱。海鸥不挑食，鱼、虾、蟹、贝，甚至人们丢弃的残羹剩饭，它们都能吃得津津有味。不愧为“海上清洁大使”。

海鸥还是不可多得的海上安全“预报员”，它们能够准确地“预报”天气的变化。这是因为海鸥的骨骼是空心管状，里面充满了空气，天气一旦发生细微的变化，海鸥就能借以敏锐地感知。人们发现，如果海鸥贴近海面飞行的话，那么未来的天气很有可能是晴天；如果海鸥高高飞翔，成群结队地飞向海边，聚集在沙滩上或岩石缝里，便预示着暴风雨即将来临。海鸥常栖息在浅滩、岩石或暗礁周围，如果群飞鸣噪，便是在对航海者发出“提防撞礁”的信号。另外，如果有人在茫茫海雾中迷失了方向，不要慌张，可以仔细观察海鸥的飞行方向，以此来寻找港口的方位，一定不会错的。

海鸥还是海边一道亮丽的风景线。来海边观光的游客都被这些白色的“小精灵”迷住了。黄海边的青岛,被誉为“中国东部候鸟驿站”。然而,在1994年前后,青岛只有两种海鸥,分别是红嘴鸥和银鸥,而且数量很少。到2007年,青岛的海鸥品种增加到9个,数量大增。如今,季节性飞往青岛的海鸥已有15个品种,达10万余只。鸥群已经成为青岛海边的一道特色景观,栈桥、奥帆中心等都是观看海鸥的好地方。

海鸥

46. 燕窝

燕窝，又称燕菜、燕根，历来被看作美食极品和驻颜圣品。燕窝可不是普通燕子的巢穴，而是由生活在东亚和东南亚的部分雨燕与金丝燕，用唾液混合海藻、身上的绒羽和柔软的植物纤维等做成的巢穴。其形如半碗，内部像丝瓜络，洁白晶莹，富有弹性。

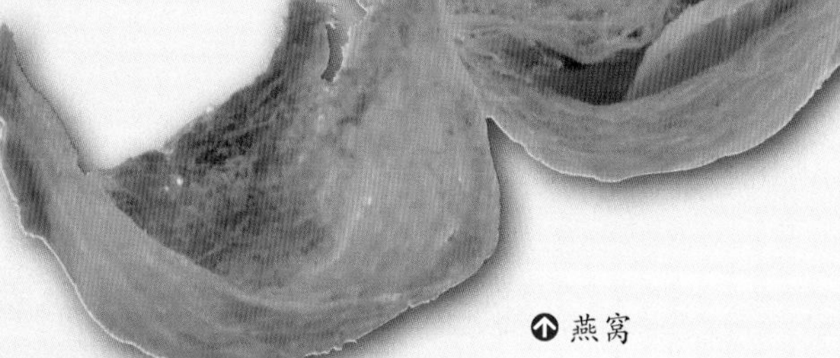

燕窝

燕窝的发现可是偶然的。相传，明朝航海家郑和所率领的团队在下西洋时遇到风暴，被困于荒岛，食物也所剩无几，他们无意中发现了峭壁上的燕窝，便拿来充饥。数日后，船员个个面色红润，气血十足，于是郑和回国时就带了一些进献，燕窝自此一举成名，身价倍增，成为御用贡品。

燕窝按搭建的地方不同分为“屋燕”和“洞燕”。“洞燕”通常筑于陡崖峭壁，因其地势险峻，采集相当危险。除了采集不易的因素，燕窝在市场

金丝燕

🅐 雨燕

上供不应求还有更重要的原因，那就是燕窝自身名贵的滋补功效。燕窝独特的生物活性分子可以帮助人体组织生长发育以及病后修复。燕窝中还含有身体热量的主要来源——碳水化合物，它与蛋白质相辅相成，能够促使蛋白质发挥提供热量以外的功能，还可增加脂肪的代谢速度。同时，燕窝中含有的表皮生长因子水溶性物质可直接刺激细胞分裂、再生和组织重建，因而燕窝可促进人体组织复原，能起到很好的滋补作用。

金丝燕筑巢需要半个多月，之后便开始产蛋孵雏燕。巢窝往往刚一做好便被采去。有时为了建好自己的家园，金丝燕要辛苦奔波 8 个月之久。在一些燕窝出产地区，由于人类过度采摘，金丝燕的繁殖受到了严重影响，导致这个本来并不稀有的物种也出现了生存危机。人类在撷取大自然宝藏的同时，应学会善待大自然！

47. 鲸鱼

海洋哺乳动物是哺乳动物中适于海栖环境的特殊类群，是海洋中胎生哺乳、用肺呼吸、体温恒定、前肢特化为鳍的脊椎动物，通常被人们称作海兽。海洋哺乳动物主要包括鲸目、海牛目、鳍脚目。人们常说的鲸鱼其实不是鱼，而是鲸目海洋哺乳动物，只不过因形态像鱼而被一部分人称为鲸鱼。

鲸鱼生活在海洋中，但鲸鱼的祖先生活在陆地上，后因陆地环境变化，生活在靠近陆地的浅海里。又经过了很长时间的进化，它们为适应水中生活，减少阻力，后肢逐渐退化，前肢变成划水的桨板，身体成为流线型。鲸鱼的表皮下有极厚的脂肪层，可以使鲸体保持温暖，而且也能贮存能量以供应不时之需。鲸鱼的潜水能力很强，能够长时间在水中屏住呼吸，同时减缓心跳。

鲸鱼的种类很多，全世界有80多种。一角鲸是鲸类中很特别的一个类群，它们生活在北极人迹罕至的冰冷海洋中，是世界上最为神秘的物种之一。因为雄性一角鲸的左牙会长成一颗长达3米的螺旋状长牙，所以人们称其为“海洋中的独角兽”。

蓝鲸，因身体看起来像一把剃刀也被称为“剃刀鲸”。它们体型庞大，最大的蓝鲸有33米长，重190吨。蓝鲸体表呈淡蓝色或灰色，背部有淡色的细碎斑纹，胸部有白色的斑点，头顶部有两个喷气孔。有趣的是，蓝鲸也有自己的“身份证”。蓝鲸的上颌部生有白色胼胝，这些胼胝如同我们的指纹一样独一无二，借助这种独有的“身份证”便可以识别出不同的蓝鲸。

座头鲸外貌奇异，智力出众，听觉敏锐。它们因能发出多种声音而被誉为海上“歌唱家”。座头鲸性情温顺，同伴间眷恋性很强。它们每年都要进行有规律的南北洄游，南北洄游距离可达8000千米，因此座头鲸又被称为“远航冠军”。

鲸鱼浑身是宝，鲸粪和骨粉是富含氨与磷的肥料；鲸骨可用来提取骨胶，作为加工摄影胶卷的原料；抹香鲸的分泌物龙涎香为上等的香料，同时也是名贵的药材。不幸的是，在有些国家和地区人们为了谋取利益不惜大肆捕杀鲸鱼，导致其种群数量锐减。国际捕鲸委员会在1986年通过《全球禁止捕鲸公约》，严格禁止商业捕鲸；在《濒危野生动植物物种国际贸易公约》中，蓝鲸被列入濒危物种，禁止捕捞。人类只有共同努力，一起遵守公约，才能还鲸鱼一个自由自在的生活环境，让这种古老而神奇的生物永远遨游在人类共同的海洋家园。

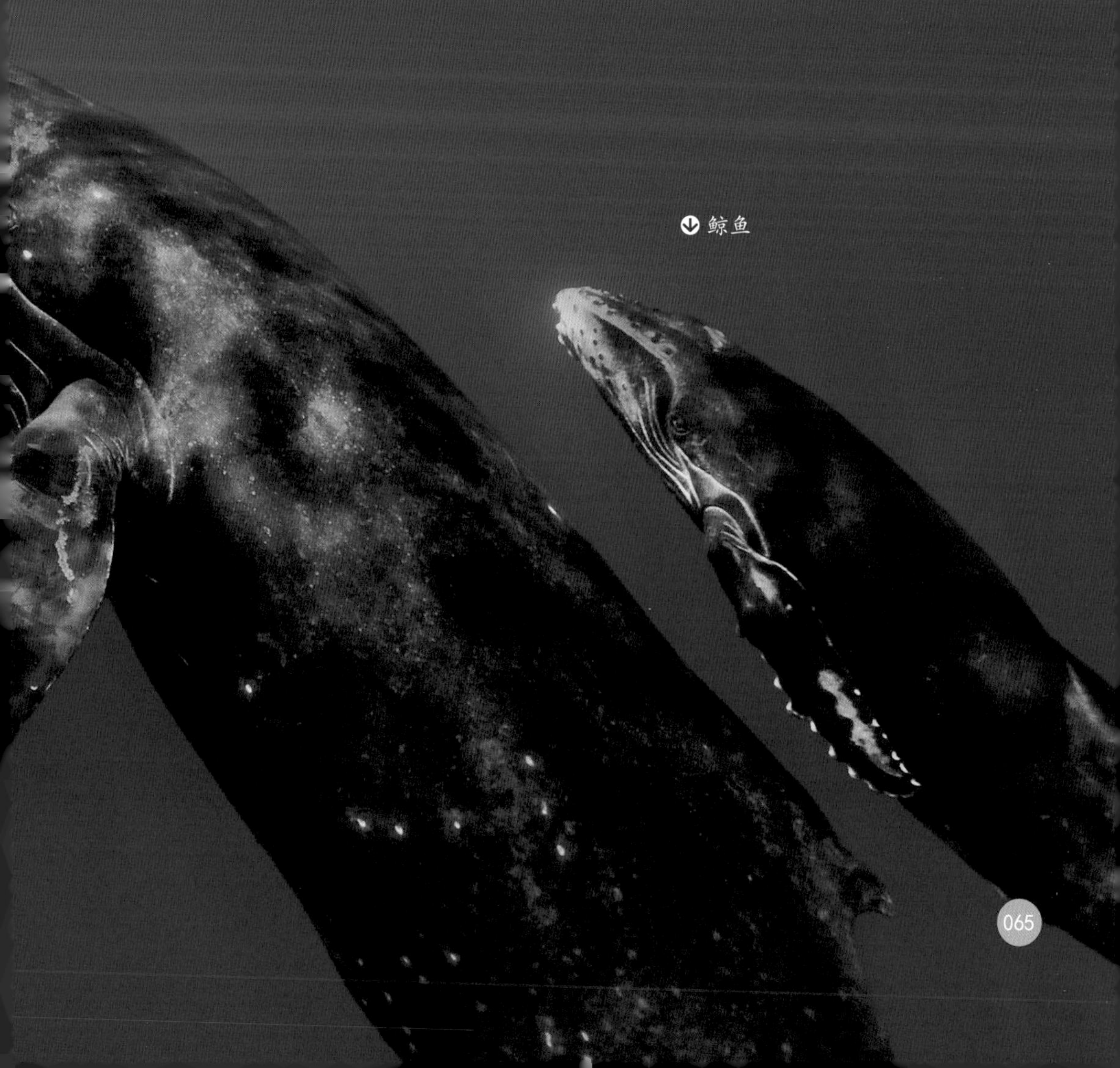

鲸鱼

48. 海豚

蔚蓝无际的大海上，海豚成群飞快地游动着，相互追逐嬉戏，不时高高跃出海面，在空中划出道道优美的弧线。

海豚身体呈流线型，长度一般为2米左右，背鳍呈镰刀状。海豚生活在温暖的近海区域，喜欢群居，少则10余头，多则达数百头。海豚的种类很多，最常见的海豚是宽吻海豚，也就是海洋馆中常用于表演的海豚。

海豚很聪明，海洋馆的海豚总是特别"听话"。这是为什么呢？原来，海豚的脑部非常发达，经过训练的海豚，甚至能够模仿人类话音。太平洋海洋基金会的欧文斯博士等4位科学家，花了3年时间对两头海豚进行训练，教会了它们700个英文词汇，是不是很厉害！

聪明的海豚是我们人类的好朋友。漫漫大海上，海豚曾是我们人类的"领航家"。1871年的一天，新西兰海岸大雾弥漫，一艘船航行在暗礁林立的海域，十分危险。一只海豚突然出现，带领海船穿过浓雾弥漫的暗礁，到达安全海域。这只海豚为船只领航13年，为此人们特意建碑纪念它。不仅如此，在美国的海军中还有一群特殊的士兵——海豚士兵。它们像军人一样在军中服役，服役期一般为25年。可不要小瞧了这些海豚，它们通过训练，可以承担扫雷、寻找失物、保护潜水设施等任务。海豚、小型无人潜航器和潜水员的通力合作，能够大大提高战术的灵活性、有效性和作战效率。

海豚是人类的亲密伙伴，要好好保护它们。

第二部分

海洋矿产资源

随着社会的不断发展，全球矿产资源需求量快速增长，陆地上的矿产资源短缺问题日渐突出。因此，对丰富的海洋矿产资源进行科学有效的开发利用就具有重要的现实意义和长远的战略意义。

49. 滨海砂矿

↑ 锆石

在滨海的砂层中，常蕴藏着大量的金刚石、砂金、砂铂、石英以及金红石、锆石、独居石、钛铁矿等矿物，它们在滨海水动力的分选作用下富集成矿，所以称为“滨海砂矿”。

滨海砂矿富含现代工业发展必不可少的贵重金属、稀有金属和放射性金属，分布较广，便于勘探、开采、选矿、冶炼，在浅海矿产资源中，价值仅次于石油和天然气。钛在导弹、火箭和航空工业上应用广泛，而从金红石和钛铁矿中提取的钛，具有比重小、强度大、耐腐蚀、抗高温等特点，品质优良。锆石耐高温、耐腐蚀，热中子难以穿透，在铸造工业、核反应、核潜艇等方面用途很广。独居石所含的稀有元素铌可用于制造火箭和飞机外壳；钽可用于微型电镀和反应堆。

据统计，滨海砂矿提供了世界上96%的锆石，90%的金刚石和金红石，80%的独居石和30%的钛铁矿，所以许多国家对滨海砂矿的开发都极为重视。

滨海“淘金”业已有200余年历史，开发技术也在不断更新。开发滨海砂矿的第一步是选矿，即进行勘探，选定具有开采价值的矿区，并确定开采项目内容。第二步是利用挖泥机、采矿机械挖取和采掘滨海地区的海底矿砂。第三步是在采矿船上对矿砂进行淘洗和筛选。最后，将挑选出来的矿砂运往冶炼厂进行金属冶炼。对于暴露于岸滩的滨海砂矿，可以用采掘机直接进行露天开采；对于滨海地区的水下矿床，则用专门的采矿船进行开采。借助多用途采矿机，在采掘滨海砂矿的同时将不同种类的矿石分拣出来，达到一次开采多种矿砂的目的。另外，利用综合冶炼船能在挖掘到滨海砂矿后，直接在船上进行金属冶炼，把成品、半成品送往陆地。

我国海岸线漫长，大陆架宽阔，岛屿众多，多种地质单元和地貌类型共存，有着良好的成矿条件，因而形成了丰富的砂矿资源。近30年，我国已发现的滨海砂矿有20多种，其中具有工业价值并探明储量的有13种；已发现的各类砂矿床有191个，探明总量超过16亿吨，矿种达60多种。因此，我国滨海砂矿的开发利用前景十分广阔。

但是，开发滨海砂矿会带来环境生态问题，因此，开发滨海砂矿必须依法、科学、有序、有度，实现可持续发展。

↑海上钻井平台

50. 海底石油

石油是一种黏稠的深褐色液体，主要成分是各种烷烃、环烷烃、芳香烃的混合物。“石油”这一中文名称由北宋大科学家沈括第一次命名，他在《梦溪笔谈》中预言：“此物后必大行于世。”果不其然，现在石油已经成为世界各国争夺的重要战略资源，被誉为“工业的血液”。石油最常见的用途是作燃料。作为航空燃料的航空煤油、汽油发动机燃烧的汽油、用于大型车辆和船舰的柴油等都是从石油中提炼出来的。此外，从石油中还可以提炼出作工业溶剂的油脂、试剂，作润滑剂的润滑油等。就连铺设柏油马路的沥青也可以从石油中提炼出来。那么，海洋宝库中是否也蕴藏着宝贵的石油呢？

据估计，海底石油储量约有 1300 亿吨，主要分布在大陆架、小洋盆或边缘海等大陆边缘地带，目前世界上已发现的海底油田大多分布在浅海陆架区。我国有辽阔的海域和大陆架，具有生成和蕴藏石油的天然条件。渤海、黄海、东海和南海水深小于 200 米的大陆架面积为 100 多万平方千米，近海含油气远景的沉积盆地有 7 个，面积共达 70 万平方千米。

尽管海底石油储量丰富，但直到20世纪60年代人类才开始对其进行大规模开采。原因之一就是海底石油开采难度大。与陆上石油开采相比，海上石油开采要求开采设备体积小、重量轻、高效可靠、自动化程度高，布设钻井要集中紧凑。海上开采石油首先要搭建海上钻井平台，平台要能勘探、钻井、修井，还得能“扛”得住台风。设计建造钻井平台，要考虑的问题也是方方面面的，如深水海底高压、低温环境，海底起伏地势，海水腐蚀等。1947年美国在墨西哥湾水深6米处建造了世界上第一座海上钢制石油平台。2012年5月9日，“海洋石油981”在南海海域开钻，这是我国石油公司首次独立进行深水油气的勘探，标志着我国海洋石油工业的深水战略迈出了实质性步伐。

虽然海底石油储量丰富，但它属于不可再生资源。对石油的开采利用要有度，在开采的过程中还要防止石油泄漏污染海面。

石油泄漏事故抢险现场

51. 海底天然气

↑我国东方1-1气田

天然气和石油是一对“孪生兄弟”，都是成分复杂的碳氢化合物的混合物，只不过，在自然界中，以液态存在的称为石油，而以气态存在的就称为天然气了。

天然气是遍及世界各大洲大陆架的矿产资源。海底天然气资源主要“栖身”在大陆架、大陆坡和边缘海盆地。它的形成极其复杂。几千万年甚至上亿年以前，在海湾和河口地区，海水中的氧气充足，江河又带入大量的营养物和有机质，为生物的生长、繁殖提供了极为有利的条件。浮游生物迅速繁殖，它们的遗体产生了大量的有机碳，这些有机碳就是生成海底天然气的“原料”。

但是，仅有这些生物遗体还不能形成天然气，还需要一定的条件和过程。带入海洋的泥沙年复一年地把大量生物遗体一层一层掩埋起来。如果某个地区处在不断下沉之中，堆积的沉积物和掩埋的生物遗体就会越来越厚。被埋藏的生物遗体与空气隔绝，处在缺氧的环境中，再加上厚厚岩层的压力、较高的温度和细菌的作用，便开始慢慢分解，经过漫长的地质时期，这些生物遗体就逐渐变成了分散的天然气，被储集于地层中。

我国有广阔的大陆架和大陆坡，以及众多沉积盆地。这些都是储藏海底天然气的“仓库”。据统计，我国的海底天然气超过20亿立方米。原来有储量如此丰富的天然气资源等待我们去开采。

52. 海底煤炭

煤炭是一种固体可燃性矿物，主要由植物遗体被掩埋后经生物化学作用及地质作用转变而成。煤炭是火力发电的主要原料，同时也可以用作工业和生活燃料，还是冶金、化学工业的重要原料。人们往往对陆地采煤比较熟悉，但你可知道，海底也储藏着大量的煤炭，海底煤矿是人类最早发现并进行开发的海洋矿产之一。

进行海底采煤的国家主要有英国、澳大利亚、智利、日本、加拿大等。早在16世纪时，英国就在爱尔兰海开采海底煤炭。我国的海底含煤岩层主要分布在黄海、东海和南海北部以及台湾岛浅海陆架区，含煤岩系厚500～3000米，煤层层数较多，最多近百层，一般为8～25层，层厚不稳定，最厚达4米，主要煤类型为褐煤，其次为长褐煤、泥煤和含沥青质煤等。近海区海底煤田中具有较大工业价值的有山东龙口的北皂煤矿和台湾橙基煤田。北皂煤矿煤系地层厚度为67～278米，煤田分布面积约150平方千

采煤机

煤矿

米，探明煤炭储量约12.9亿吨。此煤矿于2005年由山东龙口矿业集团北皂煤矿投入联合试采运营。

目前，国际上使用的海底采煤方法是从陆地上或岛上打竖井或斜井，到达煤层后再打平巷开采，犹如在海底凿一个“地下铁道”，矿工、设备和煤炭都通过海底“地下铁道”进行运输。采掘方法有洞室法、矿柱法、长壁开采法、阶梯长壁采矿法等。目前，各国正在研究采用汽化法开采海底煤矿。随着采煤技术的发展，尤其是坑道技术的进步，开采煤层距离地面的深度已达到1000米以上，海底煤田离岸也愈来愈远，其中日本北海道的海底煤矿已远离陆地25千米以上。英国等国也不甘示弱，正在考虑建造人工海岛或海底基地来进一步发展海底采煤业。

海底采煤的主要优点是，不必考虑地面下沉问题，不需预留支护地面的煤柱，煤炭的采收率较高。主要问题是对海底煤炭的位置、构造等情况不易弄清，前期投资较大。相信随着海洋地质调查研究的深入，海底煤矿的开发前景会更加广阔。

53. 多金属结核

多金属结核曾被称为深海锰结核，是大洋底部一种含镍、铜、钴、锰、铁等金属元素的黑色或深褐色团块。它们形状各异，有的像土豆，有的像花生，有的像葡萄，还有的像生姜。大小尺寸变化也比较悬殊，从几微米到几十厘米的都有，常见的为 0.5 ~ 25 厘米。最重的多金属结核可达数百千克。大部分多金属结核有一个或多个核心，核心的成分是岩石、矿物的碎屑，或者是生物遗骸。围绕核心生成的同心状铁锰氧化物层中包含铜、钴、镍、铝等多种金属元素。

多金属结核广泛分布在水深 3000 ~ 6000 米的大洋底面上，3500 ~ 6000 米深的洋底储藏的多金属结核约有 3 万亿吨，其中镍的产量可供全世界用 25000 年。太平洋多金属结核储量最大，约有 1.7 万亿吨，其中含镍 164 亿吨、铜 88 亿吨、钴 58 亿吨、锰 4000 亿吨。多金属结核在不断生长，仅太平洋就以每年 1000 万吨的速度产出新的多金属结核。

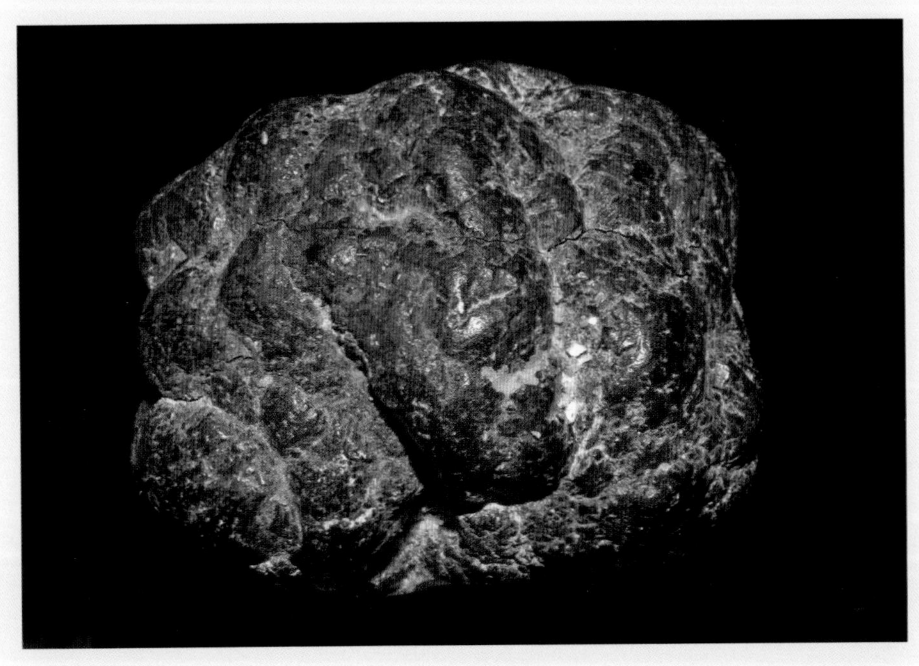

⬆ 多金属结核

多金属结核按其产状分为埋藏型、半埋型和暴露型三种。从环境、经济、技术等因素考虑，埋藏型多金属结核目前人类还难以开发利用。因此，人们在计算多金属结核资源量或储量时只考虑了聚集在海底表面呈单一层状分布（又称二维空间分布）的暴露型和半埋型多金属结核。多金属结核的开采方法很多，比较成功的方法有链斗法、水力升举法和空气升举法等。多金属结核的开采至今仍处在试验和改进之中，个别发达国家已进入深海实地试采阶段，但要进行商业性开采还需大量研究工作。

1991年3月5日我国成为第五个获准在太平洋规定海域开发多金属结核的国家。2015年7月，在牙买加首都金斯敦举行的国际海底管理局第21届会议上，中国五矿集团公司提交的多金属结核勘探工作计划获批。这也是我国获得的第四块位于国际海底区域的专属矿区，标志着我国为21世纪经济的可持续发展争得了一处“战略金属资源基地”。

54. 富钴结壳

富钴结壳又称钴结壳、铁锰结壳,它颜色很黑,“体重”很轻,结构疏松,表面常布满花蕾似的瘤状体。这些瘤状体的厚度不等,一般为几毫米至十几厘米,是生长在海底硬质基岩上的富含钴、镍、铂等多种金属元素的皮壳状铁锰氧化物和氢氧化物。其中钴的含量高达2%,因而通常被称为富钴结壳。它的钴含量是陆地含钴矿床中非含铜硫化物矿床钴含量的20倍;铂含量相当于陆地铂含量的80倍。富钴结壳价值如此之高,到底在哪里能找得到呢?

富钴结壳主要分布在水深800~3000米的海山、海台及海岭的顶部或上部斜坡上,富集区主要分布在赤道太平洋北部,既包括国际海底区域,也包括若干国家的专属经济区。在太平洋地区专属经济区内,富钴结壳矿床的潜在资源量高达10亿吨,钴资源量有600万~800万吨,镍资源量为400多万吨。经济总价值已超过1000亿美元。在太平洋国际海底区域内,俄罗斯对麦哲伦海山区开展调查,亦发现了富钴结壳矿床,资源量已达数亿吨,还有近2亿吨优质磷块岩矿床与其共生。

↑富钴结壳

由于结壳通常附着在基岩上,因此如何将其开采出来加以利用是一大技术难题,目前尚处于研究的初期阶段。要成功开采结壳,就要在采集时尽量减少基岩数量,否则会大大降低矿石质量。一个可行的结壳回收办法是采用海底爬行采矿机,利用采矿机上的铰接刀具使结壳碎裂,向上输送到水面船只。已经提出的一些创新方法

↑富钴结壳

包括：以水力喷射将结壳与基岩分离；对海山上的结壳进行原地化学沥滤，以声波分离结壳。

20 世纪 80 年代起，富钴结壳成为世界海洋矿产资源开发领域研究的热点。20 世纪 90 年代中期，我国富钴结壳正式航次调查的序幕正式拉开。2013 年 7 月 19 日，国际海底管理局核准了我国大洋矿产资源研究开发协会提出的西太平洋富钴结壳矿区勘探申请。从此，我国成为世界上首个拥有 3 种主要国际海底矿产资源专属勘探矿区的国家。

55. 海底热液矿床

海底热液矿床是由海底扩张中心的热液活动产生的，富含铜、锌、金、银、锰、铁等多种金属元素的硫化物或氧化物矿床。自20世纪60年代初首次在红海发现热液重金属泥以来，在世界海洋底已发现200多处热液活动区。

海底热液矿床主要有两种类型，一种是层状重金属泥，以红海最典型；另一种是块状多金属硫化物，主要形成于大洋中脊的裂谷带。重金属泥是海底热液沿缓慢扩张中心活动的产物，主要是黄铁矿、黄铜矿、闪锌矿、方铅矿等金属硫化物。块状硫化物生成于大洋中脊轴部的裂谷带，矿床一般呈小丘、烟囱体、锥形体等状态成群分布。它们形成的机理是：海水沿裂谷带的张性断裂或裂隙向下渗透，被新生洋壳加热，形成高温海水（可达350℃～400℃），通常称为热液。高温海水从洋壳淋滤出大量的多种金属元素，当它们重返海底时与冷海水相遇，所含矿物在热液喷口周围快速结晶、沉淀，堆积成烟囱体。海底热液源源不断地从烟囱中喷出，“黑烟囱”

深潜器正在观测海底热液活动

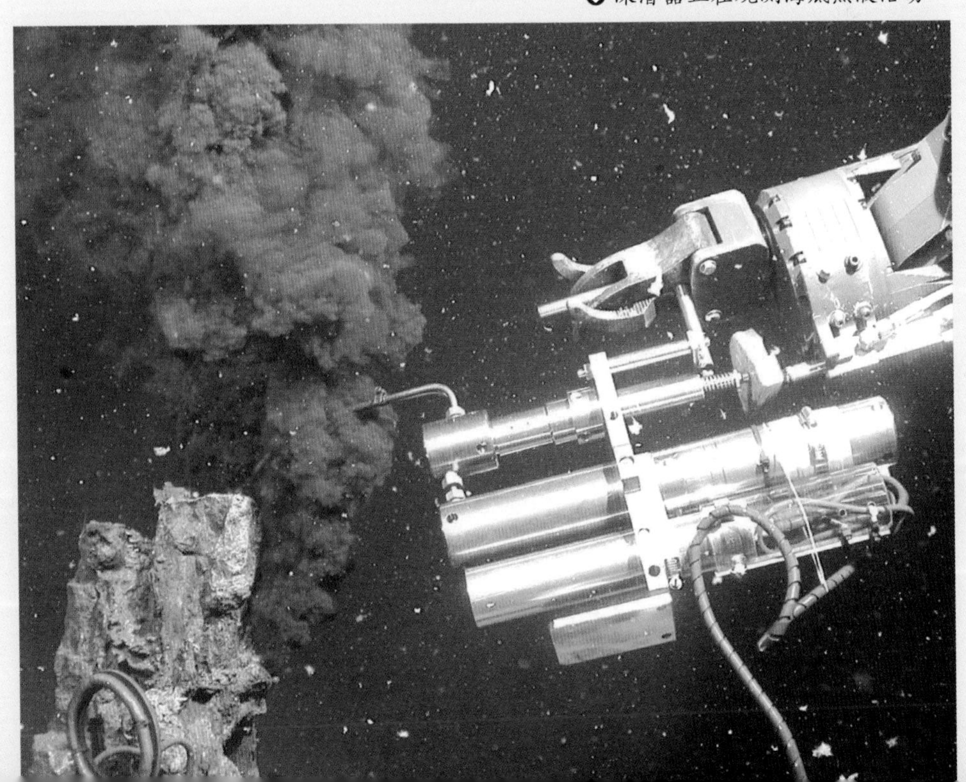

喷出的热液主要含黄铁矿、闪锌矿、黄铜矿、方铅矿等深色矿物;“白烟囱”喷出的热液主要含蛋白石、重晶石等浅色矿物;若烟囱被矿物质充填不再喷溢热液则成为“死烟囱”。块状硫化物主要含铁、锰、铜、铅、锌、金、银和稀土元素等,是一种极具开发远景的新型海底矿产资源。

海底热液活动区往往发育大量不靠太阳能而依赖热液营生的耐高温自养型深海底生物群落,对于探索生命的起源与演化具有重要意义。

从2008年至2011年,我国“大洋一号”科考船在世界三大洋共发现16处海底热液活动区及其伴生的热液矿床。2011年我国获得西南印度洋1万平方千米的多金属硫化物勘探区。2015年1月,我国“蛟龙”号载人深潜器在西南印度洋中国多金属硫化物勘探区完成两次下潜科考任务,获得海底热液区高温热液流体、烟囱体(块状硫化物)以及深海生物的丰富样品,对研究海底热液区成矿作用及深海生态系统具有重要意义。

56. 可燃冰

有这样一种“冰”，在合适的条件下，会熊熊燃烧，红色的火焰在“冰”上“翩翩起舞”。这种“冰”叫作“天然气水合物”，俗称“可燃冰”或“固体瓦斯”，是一种水和甲烷在低温高压环境下形成的冰状晶体。不要小瞧了这“冰块”，它能释放出巨大的能量。可燃冰中甲烷含量为 80%～99.9%，1 立方米可燃冰可转化为 150 立方米左右的天然气。据估算，世界上可燃冰所含有机碳的总资源量相当于全球已知煤、石油和天然气总和的 2 倍。而且可燃冰燃烧后几乎不产生任何残渣，污染比煤、石油、天然气都小得多。全球的可燃冰储量足够人类使用 1000 年，因而被各国视为未来石油和天然气的替代能源。

↑ 可燃冰

可燃冰的形成有三个基本条件：低温、高压、充足的天然气气源。因此，可燃冰往往分布于寒冷的永久冻土带或水深大于 300 米的海底沉积物中。海洋是可燃冰最大的“藏宝地”。据估计，仅海底有可能生成可燃冰的区域就达 4×10^7 平方千米，约占全球海洋总面积的 9%。我国可燃冰主要分布在南海海域、东海海域、青藏高原冻土带以及东北冻土带，储量相当可观。

要点燃未来能源“海底火种”可不是件容易的事。如果把可燃冰从海底开采出来，在从海底到海面的输送过程中，甲烷就会挥发殆尽，造成温室效应，一旦甲烷从水合物中释出，还会改变海底沉积物的物理性质，使海底软化，毁坏海底工程设施，甚至出现大规模的海底滑坡，引发海啸。现有的

开采方法技术复杂、成本高昂，难以大规模应用。自苏联1969年开发麦索亚哈油气田实现“可燃冰”开采以来，已有30多个国家和地区开始了“可燃冰”的研究与调查勘探。其中，美国、日本、加拿大、俄罗斯和德国是可燃冰研究领域先行者。

我国的油气资源供需差距很大，1993年我国已从油气输出国变为净进口国。若能在可燃冰开采技术上取得突破，必会引发中国能源开发利用的“革命”，缓解能源危机。我国于2007年在南海北部成功钻获了可燃冰实物样品，成为世界上第四个通过国家级研发计划采到可燃冰实物样品的国家。我国正在可燃冰的勘探道路上阔步前行。

第三部分

海洋化学资源

地球海水储量约占地球总水量的97%，海水本身还蕴藏着丰富的化学资源。海水制盐让人们的生活有滋有味，海水淡化技术有效缓解了淡水资源短缺的危机，海水提铀、海水提镁等技术的不断发展将使我们的生活更加多彩。

57. 海盐

提起“盐”，人们马上就想到家里烧菜用的食盐，可是化学上的“盐”可不仅指食盐，做豆腐用的氯化镁、鸡蛋壳中的碳酸钙等都属于盐。人不吃食盐或吃食盐过少都会造成体内含钠量过低，容易引起食欲不振、四肢无力、晕眩等，严重时还会出现恶心、呕吐、心率加速、肌肉痉挛、视力模糊等症状。在化学工业中，各种盐类更是进行化工生产必不可少的原料。

海水是盐的“故乡”，海水中不仅有食盐，还有用于工业的各种盐类，如氯化镁、硫酸镁、碳酸镁及含钾、碘、钠、溴等元素的其他盐类。海洋中盐的储量约有5亿亿吨，假如把海水中的盐全部提取出来平铺在陆地上，陆地的高度会增加153米；假如把海中的水分都蒸发掉，海底就会积起60多米厚的盐层。现在，全世界每年消耗的盐约1.6亿吨，但和总储量比起来，就显得微不足道了！

“盐”字本义是“在器皿中煮卤”。我国在几千年前就有取海卤炼海盐的做法，这种方法一直传到宋代。后来，又开始采用阳光晒盐的方法，它的原理很简单：首先，在海边开辟一些水池作为盐田，趁涨潮把海水纳入池

盐场

↑收获海盐

内,称为“纳潮”。再把海水引入蒸发池,让它在日晒下蒸发,变成含盐量很高的“卤水”。最后,把卤水转移到结晶池继续蒸发,盐就逐渐结晶,沉积在池底。有些地处高纬度的国家日照不充足,不能利用阳光制盐、晒盐,就采取冷冻法——当海水结冰时,水分凝固,大部分盐分会析出,再经过人工加热,盐便会结晶出来。还有一种电渗析法,和海水淡化的电渗析法原理相同。只不过海水淡化是要获得淡水,而制盐工业则是要得到盐。这种方法的优点是不受场地限制,不受气候影响,盐产品纯度高,并能与海水淡化联合,有很好的发展前景。

我国是世界海盐第一生产大国,年产量约 2000 万吨。位于渤海岸的长芦盐场是全国第一大盐场,渤海区是我国历史最长、面积最大、质量最高、产量最高的海盐产区。另外还有两大著名盐场:台湾省最大的盐场布袋盐场和海南岛最大的盐场莺歌海盐场。这些盐场生产的盐为我们的生产和生活提供了极大的便利。

58. 海水淡化

我们赖以生存的家园——地球，像一颗璀璨的蓝色宝石，镶嵌在浩渺的宇宙中。地球的含水量十分巨大，但其中97%是海水，既不能供我们饮用，也不能用来洗衣物和浇灌土地。其余3%的淡水，绝大部分又冻结在高山和南北极的冰雪中，还有一部分深埋于地下或散布在空气中。只有存在于江、河、湖泊和浅地层中的淡水才可以供人们直接使用，而这部分淡水仅仅占全球总水量的0.007%！全世界的人口数量已超过70亿，大约有1/3的人生活在缺水的状态中，淡水资源匮乏已经成为人类不得不面对的大问题。想一想，如果能将浩瀚的大海加以利用，将海水变为淡水，是不是就能化解淡水危机了呢？

↓ 国投北疆电厂

在大海中畅游嬉戏时，一不小心就会喝上一口海水，海水咸咸的，还略带一点点苦涩，与我们喝的淡水的味道很不一样。这是因为海水里含有许多矿物质以及盐分。只要把海水脱盐，将水中的盐分去除，变“咸”为“淡”，就可以得到生活和工农业生产所需的淡水了。这样，大量的海水资源就可以为我们所用。

人们尝试了许多将海水淡化的方法，但真正经济实用的却很少。目前，能够适用于工业规模生产的海水淡化方法主要有蒸馏法、电渗析法和反渗透法。其中，蒸馏法最古老，原理也最简单，但其能源消耗大且易产生水垢，于是人们利用在真空状态下可以将水急速蒸发的原理，研制成多级闪急海水蒸馏淡化装置，使蒸馏法重新焕发了青春。而反渗透法以其设计巧妙和设备易于维护等优势已经逐渐成为海水淡化的主流方法。

我国是人口大国，因此海水淡化技术对我们来说有着重要的意义，国家支持海水淡化产业的发展，海水淡化发展前景广阔。在天津市，国投北疆电厂的海水淡化工程让数十万市民喝上了海淡水，有效缓解了天津淡水紧缺的局面。世界上，特别在缺水的中东地区，越来越多的国家开始大力发展海水淡化产业，如科威特、卡塔尔、沙特阿拉伯等，均已建有大型的海水淡化厂并不断投资对其进行升级改良。

海水淡化技术缓解了人类的淡水资源危机，但全球淡水资源匮乏的问题仍然摆在每个人面前。相信随着科学技术的日益发展，海水淡化技术也会不断进步，彻底告别淡水资源危机将不再是梦。守护蓝色家园需要大家共同努力，“从我做起，从节约一滴水做起”是我们每个人义不容辞的责任！

59. 海水提碘

碘是人体必需的微量元素，还是火箭燃料、高效农药制造、放射性探测和人工降水领域不可缺少的元素，在工业、农业、医药、国防等领域均有广泛用途。那么，如此重要的碘要从哪里获得呢？

合理食用含碘食盐对人体健康非常重要

碘主要储藏于岩石矿藏、天然气卤水和海藻植物中。虽然海水中碘的平均含量仅为0.05毫克/千克，但是海水中碘的总储量可达800多亿吨，远高于陆地。目前，世界上碘产量最多的国家是智利，其次是日本。两国的碘生产总量约占世界碘产量的90%，但它们并不是从海水中提取，智利从硝石母液中制取，而日本从天然气卤水中制取。我国东部沿海碘生产企业大多利用海带和马尾藻浸泡液制碘，该方法属于间接利用海水碘资源，年产碘量可超过100吨。另外，在晒盐、海水淡化及海水综合利用过程中可获得大量的卤水，其碘含量也很高，可作为提碘原料加以利用。

19世纪60年代，国外开始了直接从海水中提取碘的研究。国际上提取碘的主要方法有空气吹出法、离子交换法、吸附法和沉淀法。离子交换法的步骤之一是将海水晒盐后的含碘卤水通过树脂吸附，然后用焦亚硫酸钠或其他洗脱剂淋洗解吸，因此又叫离子交换树脂法。这种方法具有能耗低、回收率高、设备投资少等优点，因而在制碘工业中优势明显。

我国的海水提碘研究开始于1975年前后。20世纪70年代末，我国研制成 JA-2 吸附剂，其碘吸附能力为海带的 4 倍。此后，又研发了液 - 固分配等富集方法，大大提高了提碘效率。人们不断尝试用新的吸附法来提取碘。合成选择性好、高吸附率的吸附剂是近年来海水提碘技术的研究热点。

值得一提的是，人体对碘的需求量为每日 100 微克，碘摄入量过多或过少都会引发智力和生长发育障碍，危及健康，因此要科学补碘。处于高碘区的居民、甲状腺功能亢进患者、甲状腺炎症患者不宜食用碘盐。

60. 海水提铀

说到核电站就不得不提到铀，因为铀是核电站运转必不可少的原料。核电站的运营时间通常在60年以上，需要巨大的资金投入。在建造核电站之前，能源公司必须进行预估，确保他们在未来几十年内都能够获得价格合理的铀。据统计，陆地已探明的铀资源仅可供全世界已建核电站使用六七十年，铀资源的储量影响着核能产业的发展。

海水中铀的蕴藏量约为45亿吨，是陆地上已探明铀矿储量的2000倍。如果海水提铀技术能进一步发展并实现商业应用，那么海洋将成为一个巨大的铀资源库。然而，海水中的铀浓度极低，因此研发一种有效的海水提铀法就变得很有必要。

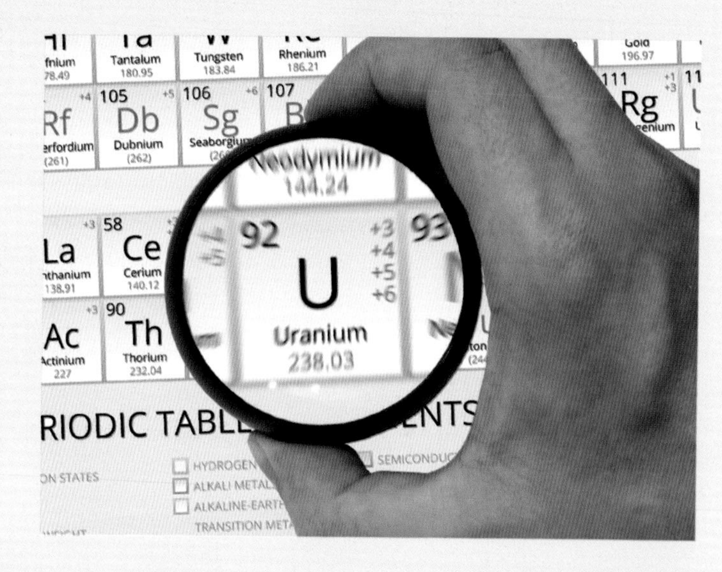

从20世纪50年代开始，德国、意大利、日本、英国和美国相继开展了海水提铀研究，我国在70年代也开始参与其中。海水提铀是从海水中提取铀化合物的技术，其方法有很多种，包括吸附法、生物富集法和起泡分离法等。吸附法是指利用水合氧化钛、碱式碳酸锌、方铅矿石和离子交换树脂等吸附剂吸附海水中微量的铀；生物富集法则是利用专门培养的海藻来富集海水中微量的铀；起泡分离法是指在海水中加入一定量的铀捕集剂，如氢氧化铁等，然后通气鼓泡，将海水中的铀分离出来。

海水提铀的研究，主要集中在吸附剂的研制、吸附装置与工程实施等方面。1971年,日本研制出一种新的吸附剂,大大降低了海水提铀的成本,并于1986年在香川县建成年产10千克铀的海水提铀厂。此后,许多国家都加紧海水提铀技术的研究,并不断取得进步。近年来,日本正在试验一种基于新型聚合体编织物的提铀技术,利用该技术可在30天内于每千克编织物中提取约1.5克铀。美国在2012年研制出吸附材料HiCap,该材料在铀吸附能力、吸附速率和选择性方面均有上佳表现。我国在2014年研制出高吸附量、高选择性的铀吸附剂,并攻克了铀的吸附、脱附与分离纯化一体化等提取技术难题。在模拟海洋环境下,该吸附剂对铀酰离子的吸附容量高达3毫克/克。

海边的核电站

61. 海水提镁

海水盐分中镁的含量仅次于氯和钠，位居第三。可别小看镁元素，镁具有重量轻、强度高等优点，在工业上用途广泛。镁合金可用来制造飞机、舰艇；镁锂合金的重量轻，耐热性好，因而在军事工业和民用企业上具有极其重要的意义。同时，镁还被广泛应用于火箭、导弹，以及汽车、精密机器等的制造。

各国钢铁工业的迅速发展，对镁砂（氧化镁）的数量要求日益增多，而炼钢所需的优质镁砂对纯度要求极高，这是陆上天然菱镁矿烧结后制得的镁砂无法达到的。从海水中提取的镁，早在20世纪60年代其纯度就已达到96%，目前纯度又升至99.7%，可以很好地满足冶金工业的特殊需要。美国、英国、日本由于缺少陆地镁矿，几乎全部依靠海水提镁。

其实，海水提镁的流程并不复杂。最常见的为电解法，其操作流程如下：首先，把海水引入水渠；然后用海滩上的贝壳煅烧成石灰，将化成的石灰乳加入水渠中，这时会生成氢氧化镁沉淀物；接着将沉淀物用盐酸氯化，其后制成无水氯化镁；最后进行熔盐电解便可得到金属镁。镁元素不但可以直接从海水中提取，而且可以从晒盐后剩下的卤水中提取。目前，从卤水中提取的产品主要是氯化镁、硫酸镁、氧化镁和氢氧化镁等，都具有极高的工业价值。

世界上最早从海水中提取镁砂的是法国，1885 年法国建成世界上第一座海水提镁厂，虽然很快就停产，但是拉开了海水提镁的序幕。之后，英国率先解决海水提镁的工艺设备问题，于 1938 年 8 月建起了年产 1 万吨的海水镁砂厂，到 1978 年年产量已达到 25 万吨。目前世界上最大的海水镁砂生产厂家是日本的宇部化学公司，它的年生产量达到 45 万吨。加上其他提镁工厂，日本海水镁砂的年产量达 70 万吨，位居世界第二位。到 20 世界 90 年代初，世界海水镁砂的年产量已达到 270 万吨。我国虽然为世界上最大的原镁生产国和出口国，但是生产的镁主要来自陆地镁矿资源，从海水提取的镁相对有限，且主要利用海水制盐后的卤水生产氯化镁，在 1983 年时，年生产量为 22 万吨。近年，我国对海水提镁技术进行开发研究，取得了可喜成绩。2010 年，我国硼酸镁晶须百吨级中试技术研究顺利完成试车，产品质量稳定，实现了海水提镁关键技术的突破。

镁合金在车身轻量化方面有广阔的应用前景

62. 海水提钾

钾元素用途广泛，不仅是农业化肥“三要素”之一，还是化工的基本原料，可用于冶金和制造炸药、玻璃等。海水中的钾总储量达500万亿吨，为陆地总储量的3万倍，但其浓度仅有380克/立方米，且与80余种化学元素共存，不易进行分离提取。从可持续利用资源角度来看，开发海水钾资源的意义无疑是十分巨大的。

1940年，挪威化学家克兰德获得了全球首个海水提钾专利权，自此各沿海国家陆续开始海水提钾技术的研究，研发了化学沉淀法、溶剂萃取法、膜分离法以及离子交换法等多种方法。化学沉淀法是根据各种钾盐的溶解度特性，选用适宜的沉淀剂，使难溶性钾盐从海水中沉淀析出。溶剂萃取法可分为液膜萃取和溶剂析出两类。液膜萃取是利用钾在萃取剂相与海水相的分配系数不同来达到增浓和分离的目的；溶剂析出是利用某些极性溶剂对钾的选择沉淀特性，进行钾的分离提取。膜分离法是指使用离子交换膜处理海水，得到高浓度高温的含钾溶液，再经冷却得到钾盐。离子交换法则包含树脂法、无机离子交换剂法、离子筛法和天然沸石法。

2013年，河北工业大学突破了一系列关键性技术难题，包括实现钾在海水中的高效富集以及实现节能分离等，成功研发出高效节能的沸石离子筛法海水提钾技术。用该技术生产出的钾肥不仅质量可达进口优质钾肥的标准，而且生产成本较进口钾肥降低30%。同时，该技术可与海水制盐、纯碱工业相结合，还可与大规模海水淡化工程配套实施。据估计，到2020年，我国海水提钾产业化规模可达到100万吨以上。该技术弥补了我国陆地钾肥资源的不足，对积极开发海洋资源、发展海洋经济有很大帮助。

63. 海水提溴

溴是一种重要的化工原料，在医药、农药、摄影材料等领域应用广泛。人们日常生活中用到的红药水就是溴与汞的有机化合物。溴可从海水、地下卤水和盐湖水中提取。其中，海水中的溴含量约占全球溴资源总量的99%，但溴在海水中的浓度极低，对提取技术的要求较高。

目前，全球的溴的年产量为54万～60万吨，主要从溴含量较高的地下卤水和盐湖水中提取。世界上著名的溴和溴衍生化学品生产企业有美国的大湖化学公司、美国雅宝公司、以色列的死海溴集团等。英国、法国和日本等国家则主要是海水提溴。

国外海水提溴的试验和开发大致从1934年开始。目前，已建有海水提溴工厂的国家主要有日本、法国、阿根廷和加拿大等。我国从1966年开始海水提溴的研究，目前仍处于小规模试生产阶段。我国的陆地溴资源非常有限，溴产量已不能满足国内需求，逐渐成为溴素净进口国。因此，我国要加紧海水提溴技术的研发，努力实现海水提溴的规模化生产。

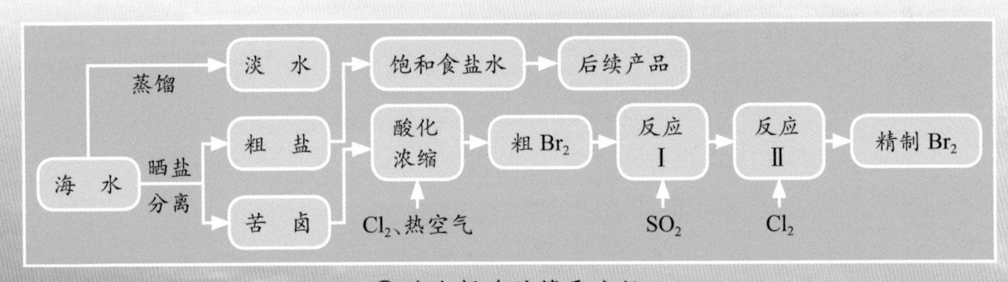

海水提溴的简要流程

目前，海水提溴的方法主要有空气吹出法、离子交换法、膜分离法、沉淀法等。其中，空气吹出法海水提溴技术最为成熟，已应用于工业化生产。该方法是指从含溴溶液中提取溴素，其原料主要为海水晒盐产生的浓缩海水和地下卤水。其主要提取流程为：先用硫酸将原料酸化然后通入氯气，将 Br^- 氧化成 Br_2，再把料液从吹出塔顶淋下，在塔底通入压缩空气将料液中的 Br_2 吹出后导入吸收塔，最后用吸收剂吸收溴素，经过蒸气蒸馏就可制成成品溴。离子交换法和膜分离法的能耗相对较低，但实际应用技术尚未成熟。沉淀法所需的沉淀剂成本较高且工艺相对复杂，因而也未得到广泛应用。

第四部分

海洋能源资源

海洋是一个巨大的能源宝库，潮汐能、波浪能、海流能、海风能，甚至海水温差能和海水盐差能等都可以转化成电能加以利用。海洋能源资源是清洁的可再生能源，其开发利用前景十分广阔。

↑ 潮汐发电设备

64. 潮汐能

海水有涨有落。海水在白天的涨落叫作“潮”，在夜晚的涨落叫作“汐”，潮汐就是指海水的周期性涨落现象。在海水的涨落过程中产生的能量就是潮汐能。据统计，全球海洋潮汐能的理论蕴藏量约为每小时 3×10^9 千瓦时，可供开发的约占 2%，主要可用来发电，即潮汐发电。

潮汐发电，即在海湾口或感潮河口构筑堤坝与海隔开形成水库。涨潮时，库外水位高于库内水位；落潮时，库内水位高于库外水位。通过闸门控制水流，使涨潮时进入和落潮时泻出水库的海水推动水轮发电机组发电。潮汐发电的形式很多，按开发方式可分为三种：单水库式、双水库式和多水库式，以单水库式为多。按运行方式分为两种：单向发电式和双向发电式，以单向发电式为多。单向发电式是指在涨潮或落潮时发电，以落潮时发电为多；双向发电式是指在涨潮和落潮时均可发电。按电站位置可分为三种：港湾式、河口式和滩涂式，以港湾式为多。

潮汐能作为一种清洁、可再生能源，被世界上许多国家所看好。早在1913年，德国就在北海海岸建立了世界上第一座潮汐发电站。1968年，法国在朗斯河口建成朗斯潮汐发电站，这是世界上最大的潮汐发电站，其年发电量为5.144×10^{11}千瓦时。之后，苏联在巴伦支海建成基斯洛潮汐电站。1984年，加拿大在芬地湾建成了安纳波利斯潮汐发电站，其规模排名世界第二。另外，英国、韩国、印度、澳大利亚和阿根廷等国对规模数十万到数百万千瓦的潮汐电站建设方案进行了不同深度的研究。

在我国，温岭江厦潮汐试验电站是目前国内已建成的最大的潮汐电站。双向贯流式机组6台，总装机容量3900千瓦，年发电量稳定在600多万千瓦时。在世界上仅次于法国朗斯和加拿大安纳波利斯潮汐电站而位居第三。据1982年12月水利电力部规划设计院资料，我国潮汐能资源的理论蕴藏量为每小时1.9×10^{8}千瓦时，可开发利用的装机容量为2.157×10^{7}千瓦，可开发的年电量为6.18×10^{10}千瓦时。我国潮汐能富集区主要集中在浙江、福建及长江口，其潮汐能蕴含量占沿海省市的92%左右。其中浙江杭州湾最大潮差达8.93米，潮汐能蕴藏量居全国首位。

↑ 波浪发电设备

65. 波浪能

巨浪能把几十吨重的巨石抛到数米高空，甚至可将万吨轮船很轻松地推上海岸，由此可见海浪蕴含的惊人能量。据估计，全世界的波浪能储量约有 25 亿千瓦，它分布广、安全无污染、可再生，在常规能源紧缺的当今世界，其开发和利用价值日渐凸显。

目前，各国对于波浪能的利用主要聚焦于波浪发电。2011 年 1 月时任副总理李克强访问英国时，英国人唯一向他展示的高新成果就是波浪发电装置。目前的海浪发电装置可为海水养殖场、海上气象浮标、石油平台、海上灯塔、海上孤岛等提供能源，还可并入城市电网。

世界各海洋大国都十分重视波浪能方面的研究，英国、瑞典、葡萄牙、美国、日本等国处于领先地位。英国早在 20 世纪 80 年代初就已成为世界波浪能研究中心，于 1990 年和 1994 年分别在苏格兰伊斯莱岛和奥斯普雷

建成75千瓦振荡水柱式和2万千瓦固定式岸基波力电站。1995年8月，世界上第一台商用波浪发电机在英国克莱德河口海湾开始发电，装机容量为2000千瓦。2000年11月，英国500千瓦岸式波能装置在苏格兰建成。我国于1986年开始在珠江口大万山岛研建3千瓦岸式振荡水柱波浪发电站，随后又将其改造成20千瓦电站，并于1996年2月试发电，初步试验结果表明其优于日本、英国、挪威的同类电站。"九五"期间，广州能源研究所在广东汕尾市研建100千瓦岸式波力发电站，其波能装置与当地电网并网运行，所有保护功能均在计算机控制下自动进行，大大减少了人工干预，使波浪发电技术接近实用化。我国的波浪能研究虽然起步晚，但发展快，微型波力发电技术已经成熟，发电装置已商品化，小型岸式波力发电技术也已进入世界先进行列。

66. 海流能

海流能是指流动的海水所具有的动能，主要指海底水道和海峡中由于潮汐导致的有规律的海水流动而产生的能量。古时的航海家大多依靠海风和海流来驾驶船只，周游世界，这是人类对海流能的早期运用。与其他可再生能源相比，海流能有着明显的优势，它规律性强、可预测、能量稳定且密度大；海流发电水轮机置于海平面下不占用陆地面积，不会影响景观，对周围海洋生态影响较小。因而，开发和利用海流能的价值极大。

一般来说，流速在 2 米 / 秒的海区其海流能均有实际开发的价值，海峡、狭窄水道等易形成较强潮流的区域的开发价值则更高。据估算，全世界海流能的理论蕴藏量为每小时 50 亿千瓦时。我国海岸线绵长，海流能理论蕴藏量约为每小时 2000 万千瓦时，具有非常可观的开发利用价值。老铁山水道、舟山群岛的金塘水道和西堠门水道是我国有名的海流高能密度区。

海流能的主要利用方式是海流发电。目前，其开发利用形式主要为开放的非筑坝式结构，这类发电装置可称为“水下风车”。其发电原理与风力发电相似，即将海水流动的动能转化为机械能，再将机械能转化为电能。

海流能作为一种清洁的海洋能源受到了许多国家的重视。1973 年,美国试验了一种名为“科里奥利斯”的巨型海流发电装置。该装置采用管道式水轮发电机,安装在海面下 30 米处。在海流流速为 2.3 米 / 秒的条件下,该装置功率为 8.3 万千瓦,且不会对附近海域的自然环境造成污染。2003 年,20 台 300 千瓦的海流发电装置在挪威 KVAL-SUNDET 建成,此处海流最大流速为 2.5 米 / 秒, 年平均流速为 1.8 米 / 秒。2006 年 4 月,加拿大第 1 台并网型海流发电机成功并网发电。2008 年,英国 MCT 公司成功研发“SeaGen”海流发电机,该项目的运营标志着全球首个商业化规模的海流发电系统投入使用。

我国对海流能的相关研究始于 20 世纪 70 年代。2005 年,浙江大学在国家自然科学基金资助下开始进行“水下风车”的关键技术研究,2006 年 4 月 26 日,在浙江省舟山市岱山县进行了 5 千瓦水平轴螺旋桨式海流发电样机运行试验。同年,东北师范大学成功研制小型低功率的海底低流速海流发电机。2008 年,中国海洋大学也进行了 5 千瓦级样机的原理性试验。

西堠门大桥跨越西堠门水道

67. 海风能

风能是由地球表面大量空气流动所产生的动能，是太阳能的一种转换形式。不论海风能还是陆风能，都具有储存量大、可再生且清洁无污染的优点，但是陆地风能因受其可开发地区少、风场占地面积大、电能不宜长途输送和环境保护的限制，发展空间远不如海风能大。

人们对海风能的开发和利用主要集中在发电上，目前国际上有关海风能的开发项目，大部分集中在丹麦、德国、荷兰、英国、瑞典、爱尔兰等欧洲发达国家。领先世界风电产业的丹麦，1991 年建成全球第一个海上风电场后，2002 年又连续兴建了 5 个，2003 年又建成了当时世界上最大的近海风电场，装机容量达到 165 兆瓦。2013 年，目前全球最大的近海风电场“伦敦矩阵”在英国东南海岸开始运营，该项目由德国意昂集团与丹麦三家能源公司共同建设，总投资额 15 亿英镑。整个风电场绵延 20 千米，拥有 175 台风力发电机组，发电能力可达 630 兆瓦，的确配得上“伦敦矩阵”这个霸气的名字。

中国海上风电市场也呈现蓬勃发展的景象。2010年，我国第一个国家海上风电示范项目上海东海大桥10万千瓦海上风电场完成全部并网发电。该项目是欧洲以外首个海上风电并网项目，开启了我国海上风电项目建设的先河。同期，我国首批海上风电特许权招标工作正式启动。总装机容量为1000兆瓦的首批4个项目全部集中在江苏盐城。初步统计，2020年我国海上风电累计装机容量有望达到3000万千瓦。未来几年海上风电发展将不断加速，欧洲一枝独秀的格局将被打破，美国以及亚洲各国也将成为海上风电发展的重要力量。

需要特别注意的是，海上风力发电将会带来一定的环境问题，特别是风电场产生的噪声和电磁波将会对海洋鱼类与哺乳动物造成影响，使其受到惊扰，甚至丧失捕食和栖息的场所。因此，在进行海上风电开发之前，必须进行严格的环境影响评估；在进行海上风电场的选址时，应尽量避开候鸟的迁徙路线、海洋渔场以及重要的航运路线，把对海洋环境和生态环境的负面影响降到最低。

68. 海水温差能

海洋是世界上最大的太阳能采集器。全球海洋在一年之内能够吸收约37万亿千瓦时的太阳能,约为人类目前用电量的4000倍。6000万平方千米的热带海洋一天吸收的太阳能,相当于2500亿桶石油燃烧产生的热量。

海水温差能如此巨大。一旦开发技术成熟,其蕴藏的能量将有效地缓解世界能源危机。另外,海水温差能还有取之不尽、用之不竭、发电负荷稳定的优点,因此开发利用海水温差能是功在当代、利在千秋的事业。

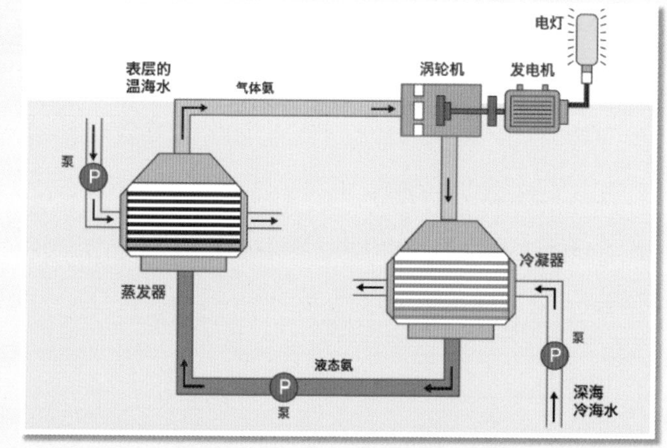

海水温差发电示意图

那么,究竟如何利用海水温差发电呢?所谓"海水温差发电",就是指利用海洋中受太阳能加热的温度较高的表层海水与温度较低的深层海水之间的温差进行发电。具体说来,就是利用温水泵将表层温度较高的海水送往蒸发器,液氨吸收了表层温海水的能量后,沸腾并变为氨气。氨气经过汽轮机的叶片通道,膨胀做功,推动汽轮机旋转。随后,氨气会进入冷凝器,在这里,深层的冷海水会将其重新冷凝为液态氨。如此循环往复,便会持续推动汽轮发电机发电了。海水温差发电的装置由两部分组成:一部分是构成发电循环的设备,另一部分是海洋结构物。

海水温差能的巨大潜力吸引着很多国家对其利用研究。1979 年 8 月美国在夏威夷海面的一艘驳船上建成了第一座 50 千瓦闭式循环海洋温差能发电装置 Mini-OTEC。此后,夏威夷官方自然能源实验室于 1993 年 4 月在夏威夷沿海建成了 210 千瓦的首个开式循环岸式 OTEC 系统。系统连续运转 8 天,每天成功产出 26.5 立方米淡水。1981 年 10 月,日本在瑙鲁共和国建成一座 100 千瓦闭式循环温差电站。佐贺大学还于 1985 年建造了一座 75 千瓦的实验室装置,并得到 35 千瓦的净出功率。印度政府与日本佐贺大学海洋能源研究中心进行技术合作,于 2001 年建造了一艘 1 兆瓦的漂浮闭式循环示范电站“SAGAR-SHAKTHI”。

经过长达 4 年的研究,2012 年,我国国家海洋局第一海洋研究所突破了利用海水温差发电的技术,“15 千瓦温差能发电装置研究及试验”课题在青岛通过验收。这使我国成为继美国、日本之后第三个独立掌握海水温差能发电技术的国家。

69. 海水盐差能

淡水与海水之间有着很大的渗透压力差,盐差能就是指海水和淡水之间或两种含盐浓度不同的海水之间的化学电位差能,它是海洋能中能量密度最大的一种可再生能源,主要存在于河海交接处,同时也存在于淡水丰富地区的盐湖和地下盐矿中。通常海水(盐度为35)与河水之间的化学电位差相当于240米高的水位落差。据估计,世界各河口区的盐差能蕴藏量达每小时 3×10^{13} 千瓦时,可利用的有 2.6×10^{12} 千瓦时。我国的盐差能蕴藏量约为每小时 1.1×10^{8} 千瓦时,主要集中在各大江河的出海口处。尽管目前国际上盐差能发电技术还不成熟,但清洁、可再生、能量巨大等优点使其具有相当广阔的发展前景。

盐差能主要用来发电,其原理是:当把两种浓度不同的盐溶液倒在同一容器中时,浓溶液中的盐类离子会自发地向稀溶液中扩散,直到两者浓度相等为止。盐差能发电就是将两种盐浓度不同的海水化学电位差能转换为有效电能。常用的方法有三种:渗透压法、蒸汽压法和反电渗析电池法。渗透压发电的关键技术是半透膜技术和膜与海水介面间的流体交换技术,技术难点是制造有足够强度、性能优良、成本适宜的半透膜。蒸汽压发电的最显著优点是不需要半透膜,但是因发电过程中需要消耗大量淡水而受到限制。反电渗析电池法也称浓差电池法,是目前盐差能利用中最有希望的技术,但要实现商业化,除了成本因素外,还有生物淤塞、电板反应等许多因素需要进行研究。

由于能源危机,20世纪70年代至80年代,各国关于盐差能的研究很多,但进展很慢。以色列和美国的科学家对水压塔和强力渗透系统均进行了试验研究。我国也于1985年对水压塔系统进行了试验研究。挪威国家电力公司从1997年开始研究盐差能利用装置,并在2003年建成世界上第一个专门研究盐差能的实验室,又在2008年设计并建设了一座功率为2～4千瓦的盐差能发电站。荷兰首家盐差能试验电厂已于2014年11月底发电,虽然其产生的电能尚无法满足自身用电需求,但其试验前景值得重视。目前,对于海水盐差能发电技术的研究主要聚焦在压力延滞渗透发电和反电渗析发电上。

第五部分

海洋旅游资源

五彩缤纷的珊瑚礁让人们流连忘返；海防海战遗迹还原出昔日的硝烟弥漫；独具特色的海洋节庆活动热闹非凡。海洋旅游资源使人们的生活丰富多彩。还等什么？让我们背起行囊一起出发吧！

70. 平原海岸

↑ 平原海岸风貌

在我国渤海海岸，华北平原与大海相连，那里岸线平直，水浅底平，就算在离岸几十千米的大海中，水深也只有3～5米。得天独厚的地理条件使这里海水黄浑、风平浪静，成为鱼虾蟹贝的天堂，这种地貌就是由粉砂淤泥质堆积而成的平原海岸。

平原海岸受潮流与泥沙的共同作用，容易被冲刷和淤积，是陆海变迁"沧海桑田"的历史见证。我国有长达2000千米的平原海岸，主要位于渤海西岸以及黄海西岸的江苏沿海。除此之外，在浙江、福建、广东以及辽河平原周边一些河口及海湾也有分布。平原海岸可以分为三角洲海岸、淤泥质海岸和沙砾质海岸。三角洲海岸是河流与海洋共同作用而形成的一种平原海岸。我国不少河流的输沙量很大，十分利于三角洲海岸的发育形成，像长江三角洲、黄河三角洲和珠江三角洲等的海岸都属此类。我国的淤泥质海岸则主要分布在渤海的辽东湾、渤海湾、莱州湾等。沙砾质海岸，顾名思义，是由颗粒较粗的沙砾组成的平原海岸，沙砾质海岸大多坡度较陡、岸滩较窄。

平原海岸，特别是江河口三角洲，往往具有发育优良的湿地。如位于黄河入海口的黄河口湿地生态旅游区就以独有的黄河口湿地生态景观而闻名。区内生物资源丰富，不仅是水生动植物的乐园，而且是多种鸟类的天堂，每年都吸引大批游客前来观光。

71. 基岩海岸

站在海边悬崖之巅，俯看海浪汹涌而来，伴随着阵阵轰鸣，看那击起的朵朵浪花，你不禁会被这里气势恢宏的景象所震撼。这种由坚硬岩石组成的海岸就是基岩海岸。基岩海岸通常有突出的海岬，海岬之间多会形成深入陆地的海湾。基岩海岸的海岸线十分曲折，岬湾相间，绵延不绝。

基岩海岸像一幅写意的泼墨山水画，随性自由，棱角分明，气势如虹，是海岸的主要类型之一。在我国，基岩海岸大多分布在鲁、辽、浙、闽、台、粤、桂、琼等省份。基岩海岸的组成成分繁多，包括石英岩、花岗岩、火成岩、玄武岩等。山东半岛的基岩海岸主要由花岗岩组成，辽东半岛的基岩海岸主要由石英岩组成，其他地区的基岩海岸则多由花岗岩、火成岩和玄武岩等组成。坐落于青岛的著名国家旅游度假区——石老人旅游度假区所处海岸就是由花岗岩组成的基岩海岸。

“石老人”耸立于青岛午山脚下临海断崖南侧，是我国基岩海岸典型

基岩海岸风貌

的海蚀柱景观。它是距岸百米处的一座17米高的石柱，形如老人坐在碧波之中，因此被人们称为“石老人”。石老人海蚀柱是经长期风浪侵蚀和冲击，由午山脚下的基岩海岸不断崩塌后退形成的。这个由大自然雕琢出的艺术杰作，已成为石老人国家旅游度假区的重要标志，也是青岛著名的观光景点。

基岩海岸耐冲刷，地质条件稳定，岬角海湾众多，为建造优良港湾提供了条件，有利于深水港的形成。我国沿海许多良港都是基于基岩海岸而建立的。辽东半岛南端的大连港，辽东湾西岸的秦皇岛港，山东半岛的烟台港、青岛港、威海港等，都是利用基岩海岸建立起来的。福建省的基岩海岸港口也很多，如厦门港、福州港等。台湾北端的基隆港和西南部的高雄港，也是在曲折的基岩海岸上建设起来的。

“石老人”海蚀柱

72. 珊瑚礁生态系统

在热带和亚热带海域，海面下隐藏着一座座生机勃勃的“水下城堡”，它们就是美丽的珊瑚礁。

知道这一座座城堡的建造者是谁吗？原来是米粒大小的珊瑚虫。珊瑚虫成群地聚居在一起，通过新陈代谢，不断地分泌出石灰质，其遗体及其他造礁生物胶结，再经过堆积、石化，形成礁石，也就是我们常说的珊瑚礁。除了珊瑚虫，珊瑚藻也为珊瑚礁的建造立下了功劳，它的细胞能够为珊瑚礁的结构提供石灰质物质，可以使珊瑚礁黏合在一起。另外，还有多孔螅，它是一种微小的腔肠动物，具有坚硬的石灰质骨骼，与造礁珊瑚和珊瑚礁有着密不可分的联系。

在珊瑚礁城堡里和城堡周围生活着成千上万种动物，小到单细胞动物，大到脊椎动物。在珊瑚礁岩石缝里和珊瑚丛间还隐藏着穴居动物，它们就像热带雨林中的昆虫一样不容易被观察到。城堡的居民喜欢这里的环境，虽然会经常“打打闹闹”，但是彼此之间有着密不可分的关系，相伴相生，这是珊瑚礁生态系统的，更是大自然的规则。

位于澳大利亚东北沿海的大堡礁是世界上最大的珊瑚礁群，由几千个珊瑚礁岛组成。这里除了五彩缤纷的珊瑚，还有上千种令人眼花缭乱的热带海洋鱼类，再加上舒适宜人的气候，难怪每年都有世界各地的游客慕名而来。

美丽的珊瑚礁原本在海中悠然自得，但现在它们却面临着危险。渔船拖网对珊瑚造成物理性破坏，全球气候变暖给珊瑚礁带来更大的威胁，很多珊瑚虫因水温升高死掉，导致“珊瑚白化”现象。来自陆地的污染和过度捕捞也让这个本来运转良好的生态系统遭到了破坏。据大自然保护协会的统计，目前全球珊瑚礁的破损速度在不断加快，50 年内全球 70%的珊瑚礁将会消失，这个数据实在让人痛心。让我们行动起来，共同努力，一起保护五彩斑斓的珊瑚城堡吧！

73. 红树林海岸

提到红树林，可不要以为那是一片红色的树林，也不要以为是一种树的名字，它是热带亚热带海湾、河口泥滩上特有的常绿灌木和小乔木群落。在我国南海的海陆交错处，就生长着这样一片片的红树林。它们大半被海水淹没，偶尔会随波摇曳，向人们展示着它们美妙的身姿。退潮以后你就会发现它们长在海水中的秘密——拱状的支柱根、蛇形匍匐的缆状根、垂直向上的笋状根、裸露地表的膝状根，纵横交错的根系深深扎进土里，形成稳固的基架，来抵抗风浪的袭击。树冠上密布着各种水鸟的巢，在树下，弹涂鱼欢快地游动，招潮蟹悠闲地散步……红树林生态系统“小世界”如此热闹，如此精彩，如此千姿百态。

红树林

淤泥沉积的热带亚热带海岸，还有河口入海处的冲积盐土或者含盐沙壤土，是最适合红树生长的地方。红树林的第一批开拓者是海桑和海榄雌，它们耐贫瘠，还能抵抗风浪，广布的水平根系牢牢地抓在滨海沙滩上，扎根生长。桐花树也不甘落后，但是它往往喜欢生长在盐度较低的基质上，因而常常出现在河口、河湾与淡水交汇处。当红树科的植物们扎根沙滩，变化就开始发生，海浪打来，遇到红树林便弱了下去，淤泥也逐渐增厚，有机质富盈起来，红树、角果木、秋茄等其他红树科植物会迅速在这里生根，众多的支柱根让它们立足于深深的淤泥中，形成了一个红树群落，红树林海岸就这样形成了。

很多海洋动物会来红树林觅食。一些贝类和昆虫会在这里生活，钻孔生物也会附着在树的叶子、根上生长。红树林海岸的潮沟给深水区的动物提供了觅食、繁衍的角落。不仅如此，亚热带的红树林海岸还给候鸟提供了越冬场所和中转站。特有的生态环境使红树林成为人们旅游观光的新选择。

红树林可谓“海岸卫士”，它们可以净化海水和空气，神奇的根系和树冠还能防风消浪、促淤保滩、固岸护堤。2004年印度洋海啸之后发布的报告指出，红树林使一些村庄免受严重的伤害。红树林可算是大自然赠予我们的一座座“海堤”。

红树林在调节气候和防止海岸侵蚀方面发挥着重要作用。然而残酷的现实是，全球红树林面积正在不断减少，部分地区的红树林海岸在逐渐消失，大量滩涂湿地裸露，许多生物将“无家可归”。虽然国家已经制定相关法律法规加强对红树林的保护，但是要想留住红树林，需要我们不断提升海洋资源的保护意识，携手共同努力。

74. 大陆岛

大陆岛

安卧在南海之上的海南岛“四时常花，长夏无冬”，有“东方夏威夷”之美称。这些也许大家并不陌生，但你知道吗？海南岛是一座大陆岛。究竟什么是大陆岛呢？

大陆岛指的是其地质构造与邻近的大陆相似，原属大陆的一部分，由于地壳下沉或海水上升致其与大陆相隔而形成的岛。按其形成的原因可分为构造岛和冲蚀岛两种。因陆地沉降、海平面上升或板块运动分裂而形成的岛屿称为构造岛；由海蚀作用形成的岛屿称为冲蚀岛，冲蚀岛的高度与大陆一致，其面积一般不大，周围有海蚀的痕迹，如悬崖峭壁等。

大陆岛多分布在大陆边缘，与大陆之间仅有浅海相隔；一些大陆岛因陆块的分裂漂移，与大陆之间被较深、较广的海域隔开，如马达加斯加岛、塞舌尔群岛。太平洋中的大陆岛主要分布在亚洲大陆和澳大利亚大陆外围，如日本群岛和新西兰的南岛、北岛等。世界上有很多著名的岛屿都是大陆岛，像格陵兰岛、纽芬兰岛等。

我国的大陆岛占我国海岛总数的90%以上，面积占海岛总面积的99%左右。我国的第一大岛台湾岛和第二大岛海南岛都是大陆岛。

75. 火山岛

火山岛

火山岛是由火山喷发物(岩浆、火山碎屑、火山灰等)堆积而成的。板块构造学说认为,由于板块运动,海洋岩石圈板块碰撞的消亡边界和生成板块的生长边界会不断溢出岩浆,之后冷凝成熔岩,并逐渐向上增高,最终形成海底火山。海底火山在喷发中不断向上生长,露出海面形成火山岛。火山岛的面积一般不大,既有单个的火山岛,也有群岛式的火山岛,夏威夷群岛就是著名的火山岛群。

火山岛在太平洋盆地分布较广,另外还有环太平洋火山带和大洋中脊火山带。我国的火山岛主要分布在台湾省的周围,如台湾海峡的澎湖列岛,台湾东北海域的花瓶屿、棉花屿、彭佳屿、赤尾屿、黄尾屿、钓鱼岛等,台湾东南海域的绿岛(火烧岛)和兰屿等。另外还有著名的涠洲岛和漳州火山岛。涠洲岛位于北部湾,是我国最年轻的火山岛,有海蚀洞、海积及熔岩等景观,已开发为广西著名旅游风景区和自然生态环境保护区;漳州火山岛位于福建省漳州市近海,已开发为火山岛自然生态风景区,是我国唯一的滨海火山地质地貌风景旅游区。还有少数存在于渤海海峡、东海陆架边缘和南海陆坡阶地。

火山喷发的壮观景象吸引着众多游客前往观赏。美国夏威夷岛上的国家火山公园,面积22万英亩,以冒纳罗亚和基拉韦厄两座活火山而闻名,基拉韦厄是世界上最活跃的火山,其火山口形成的熔岩湖经常处于沸腾状态,景色奇幻,观赏也比较安全,因此每当火山爆发,岛上居民和旅游者便争先恐后前去观赏。新西兰北岛的汤加里罗火山公园,以层峦叠嶂的群山和地热奇景著称于世。哥斯达黎加的博阿斯火山是世界上最大的喷泉火山,是圣约瑟附近最著名的火山游览区之一。

76. 冲积岛

冲积岛是指河流中的泥沙被带入海中后沉积下来而形成的高出水面的陆地。它们面积不大,但都有一个共同的特点——位于河流入海口。那泥沙为什么会乖乖地留在这里呢?原来,河流的中上游流速比较急,带着冲刷下来的泥沙流到宽阔的海洋后,流速就慢了下来,因而泥沙就沉积在河口附近,逐渐形成海上陆地,变成了岛屿。冲积岛的主要组成物质是泥沙,所以也称沙岛。

我国有400多个冲积岛,地处长江入海口的崇明岛是我国的第一大冲积岛。冲积岛的地质地貌与河口两岸的冲积平原类似,通常地势低平,并被广阔的滩涂围绕。

冲积岛虽然是岛屿,可外形轮廓很不稳定,是会"变身"的!每逢遇到

崇明岛风光

强潮侵袭或洪水倾泻,强烈的冲蚀会导致冲积岛的形态发生变化。一般情况下,在冲积岛与河流平行的两边,总是一边受侵蚀,一边逐渐淤积,久而久之,便形成平行两岸的长条形岛屿;而垂直于河流的两端,上游不断缩减,下游逐渐增加。所以,有时整个冲积岛会被冲蚀消失;有时冲积岛会与大陆相接,最后连成一体。

冲积岛的地貌形态简单,地势平坦,海拔只有几米。在土壤化较好的冲积岛上可种植护岛固沙的林木、绿草和庄稼。如长江口的崇明岛,其风光秀美,令人流连忘返,那里土地肥沃,水网密布,田绿林青,招来大批候鸟在此群栖。因此,崇明岛已被列为国家级候鸟重点保护区。

77. 深海地貌景观

海洋总面积约占地球表面的 71%，浩瀚海水覆盖下的海底世界究竟是什么样子呢？如果你看过凡尔纳的《海底两万里》，一定会被美丽又神秘的深海地貌深深吸引。

深海地形其实与大陆地形没有太大的差别，在广袤的深海里，也有一望无际的大平原——大洋盆地，也有耸立着的高高山脉——大洋中脊，也有深不可测的大峡谷——海沟……随着海洋科学考察活动的开展，越来越多的深海地貌景观展现在人们面前。

发育着海底峡谷的大陆坡，像一条绵长的带子紧紧地环绕在大洋底的周围。各大洋大陆坡的宽度互不相同，从几千米到数百千米，多数大陆坡的表面崎岖不平，其上发育着海底峡谷和深海平坦面。海底峡谷是陆坡上一种奇特的侵蚀地形，最深可达 4400 多米，横剖面常为不规则的“V”形，有些海底峡谷规模很大，即使著名的雅鲁藏布大峡谷也难以望其项背。

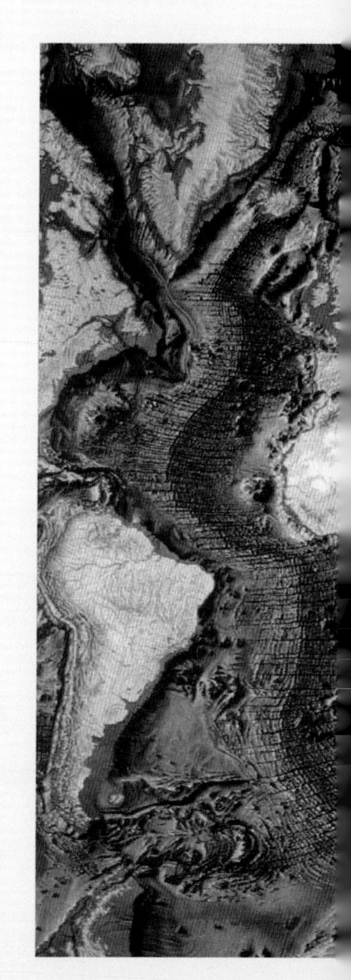

大陆隆又叫大陆基或大陆裾，是从大陆坡坡麓缓缓向大洋底倾斜的、由沉积物堆积成的扇形地，位于水深 2000～5000 米处。大陆隆表面坡度平缓，沉积物厚度巨大，富含有机质，具备生成油气的条件。

你可能想象不到，全球最大的山系竟然位于深海，它就是大洋中脊。大洋中脊的连续山脉长达 6.5 万千米，顶部水深大都在 2000～3000 米，高出洋盆 1000～3000 米，宽达数百至数千千米，是世界上规模最大的环球山系。大洋中脊在各大洋的展布各具特色。在大西洋，中脊位居中央，近似与两岸平行，呈“S”形延伸，妖娆动人被称为大西洋中脊；印度洋中脊也大致位于大洋中部，但分为三支，呈“入”字形展布;在太平洋,中脊偏居东侧且边坡较缓,被称为东太平洋海隆。

约占海洋总面积45%的大洋盆地,位于大陆边缘与大洋中脊之间的洋底,是大洋的主体。大洋盆地的地貌形态复杂多样,有海底高原、深海平原,还有星罗棋布的海山,这些海山绝大多数是由火山作用形成的,根据其相对高度可分为海底丘陵、海山,而成群分布的海山又被称为海山群,条带状分布的海山则被称为海山链。

海底世界变化多端,深海地貌更让人目不暇接,要想认清楚海底世界的真实模样,还需要我们更细致、更深入的探索。

全球海底地貌图中大洋中脊清晰可见

78. 海市蜃楼

在海上，在沙漠中，幸运的你会看到这样一种景象：在天空中，一幢幢楼阁若隐若现，栩栩如生，这种神奇的景象就是人们常说的海市蜃楼。

简单地说，海市蜃楼是一种因光的折射和全反射而形成的自然现象。现代科学已经对大多数海市蜃楼给出了正确解释，认为它是物体反射的光经大气折射而形成的虚像，所谓海市蜃楼就是光学幻景。海市蜃楼是光线沿直线穿过密度不同的气层时，经过折射造成的，海市蜃楼在沿海地区发生的概率较高。2011 年 5 月 9 日下午 4 时左右，海口市沿海出现海市蜃楼奇观，持续一个小时左右；2011 年 5 月 10 日，广州塔出现“空中皇冠”的海市蜃楼景观。

海市蜃楼有多种分类方法。根据它出现的位置相对于原物的方位，可以分为上蜃、下蜃和侧蜃；根据它与原物的对称关系，可以分为正蜃、侧蜃和反蜃；根据颜色可以分为彩色蜃景和非彩色蜃景。

海市蜃楼有两个特点：一是在同一地点重复出现，如美国的阿拉斯加上空经常会出现海市蜃楼；二是出现的时间一致，如我国山东蓬莱的蜃景大多出现在五六月份，俄罗斯齐姆连斯克附近的蜃景往往是在春天出现，而美国阿拉斯加的蜃景一般是在 6 月 20 日以后的 20 天内出现。如此有规律的时间和地点为人们观察海市蜃楼提供了更大的可能性。

2005 年 5 月 23 日，我国蓬莱海滨、蓬莱阁和八仙渡景区以东海域出现了 88 年以来规模最大、持续时间最长、最清晰的一次海市蜃楼奇观。蜃景出现时，天空中大团云彩变幻莫测，美丽的城市景观和茂盛的热带雨林悬浮于天际，场景蔚为壮观。海市蜃楼让“人间仙境”蓬莱又增添了一份梦幻色彩。

79. 海上日出

中国最早看见海上日出的地方是成山头，位于威海荣成市成山山脉最东端，古时候就被誉为“太阳启升的地方”。在成山头观日出，可以看到红日逐渐露出海平面，形成海天一色的美丽景观。

一年中观赏海上日出的时间很多，但是以夏秋季为最佳。我国欣赏海上日出的四大去处是：厦门鼓浪屿(3～11 月份，以 5 月份最佳)，山东蓬莱阁(5～9 月份)、青岛崂山(5～11 月份)和福建东山岛(四季皆宜，5～9 月份最佳)。

鼓浪屿，位于厦门岛西南面，与厦门市隔海相望，有“海上花园”之称，是欣赏海上日出的好地方；蓬莱阁，位于山东省蓬莱市，素来有“仙境”之称，据说是秦皇汉武求仙访药之处，“八仙过海”的神话就源于此；崂山，位于山东省青岛市崂山区，耸立在黄海之滨，高大雄伟，当地有古语说“泰山虽云高，不如东海崂”，山海相连，海天一色，也成就了一处观赏海上日出的绝佳之地；东山岛，位于福建省东山县，由 43 个小岛组成，总面积 194 平方千米，有风动石、乌礁湾、东门屿和西山岩等景点，在这里，可以“晨观海上日出，晚赏月光映海”。另外，在泰山顶也可以看到壮美的海上日出。

80. 海发光

它有时似星光万点，有时似乳光一片，有时似绚丽多彩的礼花。如此神奇，又如此美丽，这就是“海发光”。海发光是指由发光生物引起的海面发光现象。人们也将这种现象称为“海火”。

发光或者发冷光是某些海洋动物共有的特性。海发光有火花型、闪光型和弥漫型三种。火花型海发光是由发光浮游生物引起的，闪光型海发光是由海洋动物发光引起的，弥漫型海发光主要是由发光细菌引起的。

火花型海发光主要出现在航行船舶四周的浪花泡沫里，由无数白色、

浅绿色或浅红色的闪光组成。火花型海发光由大小为0.02～5毫米的发光浮游生物引起，当海面有扰动或自身受到化学刺激时，这些浮游生物就会凭借体内的一种脂肪物质微放光亮。当海浪把它们推向砾石海岸时，它们放出的光亮就像一束束四溅的火花，十分绚丽。

另一种海发光是由海洋里躯体较大的发光生物引起的，如水母、海绵、苔虫、环虫等。水母躯体上有特殊的发光器官，受到刺激便会发出闪光；某些鱼体内能分泌一种特殊物质，这种物质与氧发生反应也能发光。这些发光型生物发出的海光一亮一暗，如同闪光灯一般，所以这种海发光被形象地称为闪光型海发光。

由海洋发光细菌引起的弥漫型海发光，其强度较弱，但不管外界是否有扰动，只要这类发光细菌大量存在时，海面就会出现一片乳白色光辉。发光细菌多存活在河口、港湾、寒暖流交汇处。

海发光现象，不仅是海洋生物学领域中的研究课题，而且在国防、渔业和航海方面均有着一定的实用价值。例如，在军事方面，借助海发光可以发现在夜间航行的敌军舰艇；在渔业方面，可利用海发光来寻找鱼群；在航海方面，海发光可以帮助航海人员识别航行标志和障碍物，避免触礁等危险。此外，人们还利用海洋发光细菌制成细菌灯，因为发光细菌发出的光是冷光(不放热)，所以细菌灯安全可靠，可用于弹药库、油库等严禁烟火的场所。

雄伟壮观的钱塘江大潮

81. 潮涌现象

“滔天浊浪排空来，翻江倒海山为摧”的壮观景象，吸引着无数人前往观看。大潮来临时，潮势凶猛，峰高四五米，顷刻波峰陡立，其声如万马奔腾，战鼓齐鸣。

受月球、太阳的引力和地球自转的影响，潮涌的出现是有规律的，一般农历初一、十五涨大潮。因为这时月球、地球和太阳三者差不多在同一条直线上，月球与太阳的引力向同一个方向作用，两者的合力使海水涨得最高，落得最低，即形成大潮。而农历初八、二十三这两天，太阳、月球、地球三者位置大约形成直角，太阳引力和月球引力合力最小，每天出现两次最低的高潮和两次最高的低潮，被人们称为“半日潮”。世界上一些有名的大潮堪称旅游盛景，如我国的钱塘江大潮和美洲的亚马孙河涌潮。

天体引力和地球自转的离心作用，加上杭州湾喇叭口的特殊地形造就了钱塘江特大潮涌。每逢观潮时节，都会有很多人慕名前来观潮，远眺钱塘江出海的喇叭口，潮汐形成汹涌的浪涛，犹如万马奔腾，潮水在受阻处可掀起 3～5 米高的大浪。在不同的地段，可欣赏到不同的潮景：塔旁观“一线潮”，八堡看“汇合潮”，老盐仓可赏“回头潮”。宋代文学家苏轼曾为它写下了这样的诗句：“八月十八潮，壮观天下无。”

可以和钱塘江大潮相媲美的是亚马孙河涌潮。在穿越了辽阔的南美洲大陆以后，亚马孙河在巴西马拉若岛附近注入大西洋。亚马孙河的入海口呈巨大的喇叭状，海潮进入这一喇叭口之后可以上溯 600～1000 千米，潮头通常高 1～2 米，大潮时可达 5 米，每逢涨潮，涛声震耳，声传数里，气势磅礴。

82. 海浪

“乱石穿空，惊涛拍岸，卷起千堆雪。江山如画，一时多少豪杰。”宋代文学家苏轼临岸观江，看到如雷的惊涛拍击着岸崖，激起的浪花好似千堆白雪，不禁直抒胸臆，有感而作《念奴娇·赤壁怀古》这千古绝唱。

大江的气势如虹让人触景生情，而海浪的汹涌或许更令人震撼。每当人们看到海风席卷着波涛向岸边扑来，心潮也会随着轰鸣声澎湃翻腾。那海浪到底是如何形成的呢？随话说“无风不起浪”，人们平时所说的海浪就是由海风引起的。那有时海面几乎没有风，为什么却依然波光粼粼呢？其实，这些海浪是由别处的风引起的海浪传播而来的。广义上的海浪，还包括在天体引力、海底地震、海水密度分布不均等内外力作用下，形成的海啸、风暴潮和海洋内波等。它们往往会引起海水的巨大波动，产生的能量也是十分惊人的。根据波高的大小，海浪被划分成不同的等级，以利于海况描述，警示人们做好防范措施。

人们常把惹是生非的行为称为“兴风作浪”，把在激烈的竞争中经历考验称为“大浪淘沙”，把不畏艰险、勇往直前的势头称为“乘风破浪”。画家们描绘海浪，诗人们歌颂波涛，人们对海浪充满了感情，对海浪有着无法割舍的情怀。因此，人们喜欢在适宜的条件下到海边观赏海浪，感受海风的抚慰，倾听大海的呼唤。很多沿海城市一年四季都会迎来络绎不绝的游客，沿岸广场、海滨木栈道等能观赏海浪的地方已然成为标志性景点。“曾经沧海难为水”，还等什么，让我们一起去感受惊涛拍岸的豪迈吧！

83. 海底文物

茫茫大海，神秘变幻，在海面之下，不仅有美丽妖娆的珊瑚礁，多种多样的神秘生物，更有让考古界为之着迷的海底文物——古船、古瓷器、古铜器……

然而海底考古的历史并不长。19 世纪 30 年代，潜水面罩的问世标志着人类向海底世界迈出了重要一步。1943 年法国人发明了“水肺”，解决了人类在深水中的呼吸问题，使考古学者能够自主下潜到深水进行考察。1960 年美国考古学家乔治·巴斯通过深潜对土耳其格里多亚角海域公元 7 世纪拜占庭时期的沉船遗址进行调查和发掘，开创性地在海底实践了考古学方法，成为海底考古学发展史上的一个里程碑。

海底考古

我国的海底考古工作起步较晚，开始于 20 世纪 80 年代，并逐渐形成自己的体系。2007 年“南海 I 号”整体浮出水面，标志着世界首创的整体打捞古沉船方式取得成功，同时也宣告我国海底考古事业迈上一个新台阶，并跻身世界先进行列。

海底文物

“南海Ⅰ号”的发现是一大奇迹，此前在世界范围内都未曾发现过如此大的千年古船。最让考古学家惊喜的是，船体保存得相当完好。这艘沉船的发现对研究我国古代造船工艺、航海技术以及木质文物的长久保存，提供了最典型的标本。同时，它也为复原“海上丝绸之路”提供了宝贵的资料。

据估计，“南海Ⅰ号”沉船上共有6万～8万件文物。这些文物以瓷器为主，造型新颖独特，纹饰图案繁复大方，工艺技术精美绝伦，器形种类繁多，品种超过30种。除了瓷器，沉船上还有金器、银器、铜器、铁器、动物骨骼等，多数是十分罕见甚至绝无仅有的文物珍品。

这次对宋代沉船的整体打捞令世界同行震惊。古代沉船的发现与打捞十分不易，对文物的保护工作就显得更为重要。一般来说，陶瓷器易受盐分变化的影响，陶瓷器吸收的盐分会以液态形式存在于器物胎体和釉面间的孔隙内。器物被采集出水后，所含的盐分会因为水分的蒸发而结晶，从而导致器物釉面开裂、脱落。虽然金属器和石器一般不存在脱水和脱盐问题，但保存环境的改变同样会对其产生一定的影响。

海底考古和对海底文物进行保护均具有相当的难度，这就需要我们在实践中不断提高技术，让海底文物重放光彩。

84. 海堤

还记得“西湖十景”之首的“苏堤春晓”吗？走在长长的堤岸上,感受弱柳扶风的美景,真是惬意。不仅西湖有堤坝,在沿海城市、村庄,亦可看到类似的堤坝,它们就是海堤。

沿着河口和海岸边缘修建的挡潮防浪的堤坝,就是海堤。按照结构类型可将海堤分为斜坡式、陡墙式和混合式。建于中、强潮区的斜坡式海堤,坡面需设立抛石护坡,背海坡面则需要用植物保护;建于弱潮区的斜坡式海堤一般只需要用植物保护。陡墙式海堤为重力圬工墙或混凝土扶壁式结构,其背后以土体填充。混合式海堤由陡墙、平台和斜坡组成,在土石结合处均铺设砂石滤层。有些堤顶还设有直立式或弧形的防浪墙。地基的处理是筑堤成败的关键,如果遇到软地基,需要用砂石垫层或者在堤的前后坡脚外设立反压平台。

海堤是防御海潮和风浪侵袭的“利器”,有时还可以用来围海造地。我国修堤围垦滩涂的历史悠久,在汉代就有海堤出现了。新中国成立后,人们在整修加固原有海堤的同时,还改善建堤工艺,采用挖泥船或泥浆泵吸泥筑堤填塘、混凝土异形块保护临水坡等技术新建了大量的海堤。在珠江三角洲地区,人们利用潮汐实施农田灌排,其海堤建设具有堤闸结合的特点。

海堤

一座座海堤静静地屹立在海边,守护着我们美丽的家园。

蓬莱阁

位于青岛市福山支路5号的康有为故居

85. 滨海和近海历史文化名城

中国五千年的历史孕育了一座座拥有深厚文化底蕴的历史文化名城，它们有的曾是王朝都城，有的曾是当时的政治、经济重镇，其中不乏滨海和近海城市，如杭州、青岛、蓬莱等。

杭州与苏州并称“苏杭”，素有“上有天堂，下有苏杭”的美誉。杭州是吴越文化的发源地之一，古时曾称临安，是南宋的都城。杭州虽不临海，却是一座近海城市。杭州得益于京杭运河和通商口岸的便利，历史上曾是重要的商业集散中心。现代的杭州依托沪杭铁路以及上海在进出口贸易方面的带动，轻工业发展迅速，已然转变成一座具有厚重历史底蕴的现代化大都市。

红瓦绿树，碧海蓝天。青岛这座被誉为“黄海明珠”的滨海城市，以其迷人的海景吸引着历史上诸多名人在此定居。康有为故居坐落在小鱼山东麓，康有为在这里创作了许多诗文；位于现在中国海洋大学校园内的“一多楼”就是闻一多先生的故居；还有老舍、梁实秋、沈从文……太多的文人雅士选择了青岛，选择了这个碧海蓝天的滨海小城。现在的青岛，承载着浓浓的文化气息，依附得天独厚的沿海优势，已然成为山东半岛蓝色经济区的龙头城市。

杭州城内看京杭大运河

蓬莱是山东历史文化名城,有历代名胜古迹100余处。建于宋嘉祐六年(1061年)的蓬莱阁和建于宋庆历二年(1042年)的蓬莱水城,均为国家重点文物保护单位。蓬莱的历史可追溯至新石器时代,那时就有人类在此定居,汉武帝东巡筑就蓬莱城,由唐至清的1100多年间,蓬莱一直为胶东地区政治、经济、文化中心。蓬莱素以“人间仙境”之称闻名于世,其“八仙过海”传说和“海市蜃楼”奇观享誉海内外。如今的蓬莱以旅游业和临港工业为依托,发展成为我国特色魅力城市。

我国的滨海和近海历史文化名城还有很多,它们在历史的长河里不断进取,散发着耀人魅力。

86. 海防海战遗迹

在历史长河中，总有一些记忆不会被磨灭。那些在海战中保卫家园、英勇牺牲的英雄永远不会被人们遗忘，他们的热血融入了曾经战斗过的大海中。

1894年，甲午战争爆发。威海卫海战是中日甲午战争中，清军在山东半岛抗击日本侵犯威海卫的战役。此次海战的清军指挥营就位于威海境内的刘公岛。刘公岛东西长约4千米，南北宽约1.5千米，面积3.15平方千米，主峰海拔153.5米，与辽东半岛的旅顺共扼渤海咽喉。100多年前，这里曾是清朝北洋海军的基地，岛上海军军事与基地保障设施一应俱全，建有北洋海军提督署、水师学堂、水师疗养院、铁码头、电报局、电灯台、船坞、炮台等，无愧为当时亚洲一流军港，海军实力居世界第四。中日甲午战争中，北洋海军将士浴血抗敌、为国捐躯，谱写出悲壮的爱国主义篇章。为此，1988年，国务院将“刘公岛甲午战争纪念地”设为全国重点文物保护单位。这里所建的中国甲午战争博物馆，是以北洋海军与甲午战争为主题内容的博物馆，馆址所在的北洋海军提督署，是目前国内唯一保存完好的高级军事衙门。

刘公岛上的中国甲午战争博物馆

昭忠祠

北有刘公岛，南有闽江口。在福建省福州市，也有一处海战遗址。马江海战是清代中法战争中的一场战役。当时法舰首先发起进攻，清军主要将领弃舰而逃，福建水师各舰群龙无首，仓惶应战，最终惨败。虽然没有获胜，但在这片海上洒下热血的英雄们却被人们所铭记。昭忠祠，现在被称为马江海战纪念馆，正是纪念马江海战英魂之所在，门口陈列的两尊古炮，威严中透着无奈的悲凉，似乎在向人们诉说着这段海战的历史。在昭忠祠的旁边坐落着中国船政文化博物馆，这里是福州船政局的旧址，中国船政的历史即从此处开始。

在因“虎门销烟”而被人们熟知的广东虎门，坐落着一座海战博物馆。该博物馆是虎门炮台爱国主义教育基地的重要组成部分，也是全国禁毒教育基地之一。博物馆利用文物史料和现代声光技术，形象地呈现出鸦片战争时期中英军事力量的对比，生动地再现虎门海战的悲壮场面。

海战遗址向我们诉说着过往，我们要以史为鉴，不忘国耻，发扬民族英雄在海战中不屈不饶、奋战到底的精神！

87. 贝丘文化遗址

贝丘遗址

贝丘是古代人类居住遗址，因包含大量古代人类食余抛弃的贝壳而得名，所属年代大多在新石器时代。英国、法国、意大利、西班牙、葡萄牙及北非的贝丘则一般属中石器时代晚期到新石器时代早期，也有的延续到青铜器时代或稍晚。贝丘遗址多位于海、湖泊和河流的沿岸地区，广泛分布于世界各地。

在贝丘文化遗址中，除了贝壳、各种食物的残渣以及石器、陶器等文化遗物，还常常存有房基、窖穴和墓葬等遗迹。贝壳中含有钙质，有助于骨角器等完好地保存下来。贝丘遗址反映出当时的渔捞活动在经济生活中占有相当大的比重。根据贝丘的地理位置和贝壳种类的变化，可以了解古代海岸线的演变和海水温差的变化，为我们复原当时自然条件和生活环境提供了很大的帮助。

虎门镇贝丘遗址位于广东省虎门镇，遗址堆积层厚 1～3 米，有五大文化层，叠压清楚，除表土外，第二层主要是距今 300 年前明代晚期的遗存，中间发现有春秋时期的堆积及东汉晚期的两座墓葬。虎门镇贝丘遗址的发现与清理，对确立珠江三角洲地区的早期青铜文化有着极为重要的意义。同时，贝丘遗址中陶器的形制、花纹、陶色反映出当时珠江三角洲地区文化陶器群的典型特点，为考古学家研究珠江三角洲地区古代文化提供了不可多得的实物资料。

88. 海洋博物馆

海洋博物馆是展示海洋自然历史和人文历史的综合展馆,海洋博物馆的建设在海洋事业发展史上具有重要意义。海洋博物馆可供游客参观、学习海洋科学知识,也可供科研及教学使用。

摩纳哥海洋博物馆

摩纳哥海洋博物馆是世界上最古老,也是最大的海洋博物馆。博物馆里设立了庞大的科研机构,是国际海洋学会会址,也是召开国际性海洋学研讨会的重要场所。该馆还拥有自己的小船队,经常外出搜集海洋生物标本。

摩纳哥海洋博物馆大厅两旁的玻璃柜中,摆满了海洋动物标本,如虾、蟹、海星、海参、牡蛎、海葵等。地下室的玻璃缸里饲养着各种珍奇的海洋动植物。在海洋器具展厅里,陈列着著名海洋科学家考察时用过的仪器设备和多种捕捞工具。比较典型的仪器设备有深水探测仪、测温计、测量水位和潮汐用的自动记录仪以及用于观测海流的各种浮标。在这里,参观者还可以看到各种各样的海船模型以及世界上不同民族使用的各具特色的捕鱼器具。海洋物理和海洋化学陈列厅更是直观地展示出不同深度下水的特性,以及地球上各大洋底的立体模型。

在我国很多城市,如大连、青岛、烟台、武汉等,都建有极地海洋世界供人们参观游玩。海洋博物馆可谓是学习海洋的“百科全书”,在这里,人们可以更全面、更深入地了解海洋,认识海洋。

89. 海洋主题公园

海洋主题公园是以海洋为主题，集海洋生物研究与展示、环境教育、海洋科普、海洋文化传播等多功能于一体的休闲娱乐空间，是传播海洋文化、展示海洋科技成果以及满足人们认识海洋、了解海洋的需求的重要载体。

自 20 世纪 90 年代中期以来，随着我国旅游产业的快速发展以及旅游者需求的多样化，海洋旅游以及内陆地区以海洋为主题的旅游活动逐渐受到人们的青睐，我国海洋主题公园的数量也在不断增加，而且由沿海地区向内陆城市发展，生活在内陆的人们不再需要长途奔波就能感受海洋，认识海洋，接受海洋文化的熏陶。

在海洋主题公园里的表演馆，聪明的海豚整齐地跃向空中，引得全场掌声不断；会“唱歌”的白鲸乖巧地趴在池边，温顺的样子惹人怜爱；海狮、海象的搞笑表演层出不穷，游客们的欢声笑语萦绕在海洋表演馆的上空。漫步于海底长廊，游客们透过玻璃清楚地观看一群群鱼儿在水中畅游，流连忘返。科普馆内的工作人员进行着海洋知识的讲解，让游客们在游玩的同时增长了知识，“在玩中有所获”正是海洋主题公园的魅力所在。

香港海洋公园

位于秦皇岛市山海关区海滨的乐岛海洋主题公园依海而建，规模很大，游客在这里既可以参加众多娱乐项目、参观水族馆和欣赏动物表演，也可以下海游泳。公园分为欢乐海湾区、主文化广场区、戏水乐园区、海滨浴场区等区域，是以海洋为主题，集海洋世界与游乐园于一体的公园。

在香港，也有一座海洋主题公园——香港海洋公园，它分为三部分，分别位于北面山下、南朗山南麓及大树湾，占地 17 万平方米，有 40 多个游乐设施。香港海洋公园拥有东南亚最大的海洋水族馆及主题游乐园，踞山临海，风光秀丽，是访港旅客最爱光顾的地方。这里有精彩的海豚表演、千奇百怪的海洋鱼类，还有高耸入云的海洋摩天塔和惊险刺激的矿山飞车，堪称集海洋科普、观光和娱乐于一体的梦幻空间。

如今，我国 50 多家海洋主题公园分布在全国 23 个省份，大大提高了人们的娱乐生活水平，也让海洋文化渐渐走进人们的生活。

象山开渔节上千帆竞发

90. 海洋节庆旅游活动

节庆活动大家都不陌生，那么海洋节庆旅游活动也就不难理解。海洋节庆旅游就是以特定地区的海洋文化为主题，以周期性的庆典、仪式、盛会、娱乐项目等参与度较高的活动为主要内容的旅游形式，其目的在于通过吸引大量游客，带来经济、社会、文化效益，打造地区海洋文化品牌、提升地区整体形象和竞争力。

在我国，海洋节庆旅游主要集中在沿海省份，如山东、江苏、浙江等，可分为海洋渔业民俗类、海洋景观类、海洋饮食特产类、海洋休闲运动类及综合类等。海洋节庆旅游活动具有涉海性、区域性，大多以滨海地区居民的风俗习惯为基础发展而来，内容以祭海、休渔为主，现代的活动多与海洋的休闲、娱乐、疗养功能相联系。其周期一般为一年，持续时间从几天到两三个月不等。我国海洋节庆受季风气候影响，大多集中在3～10月。如青岛田横祭海节在每年3月中下旬举行,持续3天左右;宁波象山开渔节每年9月到10月举行,持续一个月左右。

我国较知名的海洋节庆旅游活动有青岛国际海洋节、舟山国际沙雕节、象山开渔节、青岛金沙滩旅游节、即墨田横祭海节、宁波海上丝绸之路文化节、宁波国际港口文化节、湄洲妈祖文化旅游节等。青岛国际海洋节开始于1999年,是国内唯一以"海洋"命名的节日,活动内容丰富,涵盖了开幕式、海洋科技、海洋体育、海洋文化、海洋旅游、海洋美食、闭幕式等板块。舟山国际沙雕节开始于1999年,内容有沙雕大赛、音乐嘉年华、沙雕夏令营、沙滩体育嘉年华、现场沙雕创作体验等,是浙江省名品旅游节庆活动和全国节庆50强。象山开渔节开始于1998年,主要包括仪式、论坛、文体、经贸和旅游5个板块,具体有祭海仪式、开船仪式、蓝色海洋保护志愿者行动、妈祖巡安仪式、中国海洋论坛等,被评为中国节庆50强和中国十大品牌节庆。

如今,我国海洋节庆活动正不断与世界接轨,相信未来会有更多精彩纷呈的海洋节庆活动走入我们的生活。

沙雕

91. 海洋体育赛事活动

冲浪

大海潮起潮落、宽广浩瀚，为我们提供了丰富的物质资源，同时也吸引着众多的体育爱好者投身其中。他们驾驶着帆船、帆板乘风破浪，开起炫酷的摩托艇在海面疾驰，乘坐拖拽伞低空飞行于海面之上……即使只有一片小小的冲浪板，他们也能在海浪间自由地嬉戏。在欣赏美丽海景的同时还能强身健体，海上体育运动实为不可多得的运动方式。

常见的海上体育运动项目包括摩托艇、帆船、帆板、滑水、拖拽伞、冲浪、万人横渡、潜水、海上皮划艇等等。

摩托艇运动起源于19世纪末的英国、德国和美国等工业发达国家，是一种驾驶机动艇在水上竞速的体育活动。我国的摩托艇运动始于1956年，首次全国比赛于1958年在武汉举行，1981年我国正式加入了国际摩托艇联盟。国际摩托艇联盟每年举办各级别的世界锦标赛、洲际锦标赛和国际大奖赛等。

帆船运动集竞技、娱乐、观赏和探险于一体，1900年第2届奥运会将其列为比赛项目。2008年第29届奥运会帆船比赛在青岛国际帆船中心及周边水域举行。

冲浪是以海浪为动力的极限运动，冲浪者俯卧或坐在冲浪板上等待，当合适的海浪逐渐靠近时，冲浪者站上冲浪板，借助海浪做出各种惊险的动作。

帆板运动是介于帆船和冲浪之间的新兴水上运动项目,帆板由带有稳向板的板体、有万向节的桅杆、帆和帆杆组成。运动员利用吹到帆上的自然风,站到板上,通过操纵帆杆驾驶帆板,靠改变帆的受风中心和板体的重心位置在水上转向。因和冲浪运动有密切关系,帆板又被称为风力冲浪板或滑浪风帆。

滑水运动是人借助动力的牵引在水面上"行走"的水上运动。滑水者通常要借助水橇在水面上完成各种动作。根据滑水者所使用的水橇种类或是否使用水橇,可将滑水大致分成花样、回旋、跳跃、尾波、跪板、竞速、赤脚等种类。

海上体育运动集运动性与趣味性于一体,体现出人类与大海和谐共处、相融相合。

第六部分

海洋空间资源

跨海大桥、海底隧道使海峡和海湾两岸的交通更加便捷；围海造陆将陆地向大海中延伸；海底餐厅把美食与海底景观完美结合。对了，说不定有朝一日海底实验室就会将你的奇思妙想变成现实……

92. 海港

海港是货物的集散地，更是重要的交通枢纽。海港在经济发展中发挥着重要作用。目前世界上大大小小的海港有3000多个，其中国际贸易商港约占77%，约有500个海港能停靠3.5万吨级以上的船舶。

“欧洲门户”鹿特丹港是欧盟的货物集散中心和粮食贸易中心，是世界上货物吞吐量最大的海港之一，曾多年（1961～2003年）蝉联“世界第一大港”，是重要的国际航运枢纽和国际贸易中心。它位于莱茵河与马斯河汇合处，西依北海，可通至里海，濒临世界海运最繁忙的多佛尔海峡，地理位置优越。鹿特丹港拥有先进的基础设施，有欧洲最大的集装箱码头，装卸过程全部由计算机控制。鹿特丹港有7个主要港区，港区面积约100平方千米，码头总长42千米，可停泊54.5万吨的特大船舶，年容纳进港船舶3万多艘。同时，鹿特丹港的物流服务也首屈一指，集有形商品、技术、

荷兰鹿特丹港

资本、信息的集散于一体。其最大的特点是实现储、运、销“一条龙”服务。优越的地理位置、先进的基础设施、浓厚的商业气氛、高度发达的物流服务、政府的有力支持、完善的海关设施、优惠的税收政策——这些有利条件推动鹿特丹港不断发展壮大。

上海港是我国最大的外贸港口,2010 年货物吞吐量曾居世界第一位,集装箱吞吐量居世界第二位。上海港如此辉煌的成绩得益于它的“天时、地利、人和”。上海港属亚热带海洋性季风气候,可谓“天时”;上海港位于长江三角洲前缘,扼长江入海口,处在长江东西“黄金水道”与海上南北运输通道的交叉点上,这是“地利”;北起连云港,南至温州港,西溯南京港,以上海港为中心的长江三角洲港口群逐步成形,即上海港的“人和”。上海港是我国直通欧洲、北美洲、非洲、大洋洲和东南亚的主要港口。

世界著名港口还有亚洲的横滨港、新加坡港,美洲的旧金山港、温哥华港、里约热内卢港,欧洲的马赛港、伦敦港,非洲的亚力山大港、开普敦港,大洋洲的悉尼港、奥克兰港等。

↑美国金门大桥

93. 跨海大桥

“一桥飞架南北，天堑变通途。”是毛主席对武汉长江大桥的赞美。横跨长江的桥已是如此的气势磅礴，那横跨大海的桥呢？

横跨海峡、海湾等海上的桥梁就叫跨海大桥，这类桥梁的跨度一般比较长。短则几千米，长则数十千米，因而受到的威胁比跨河大桥更多，风险也更大，所以跨海大桥的建设对技术的要求更高，是全球顶尖桥梁技术的体现。

世界上第一座跨海大桥是美国的金门大桥，它跨越在连接旧金山湾和太平洋的金门海峡之上，全长 2780 米。目前世界上最长的跨海大桥是胶州湾跨海大桥，又名青岛海湾大桥，是我国自行设计、施工、建造的特大跨海大桥。胶州湾跨海大桥将青岛主城区和红岛、黄岛相连，全长 36.48 千米，投资额近 100 亿元，历时 4 年完工。胶州湾大桥不仅是最长的跨海大桥，同时也是世界第二长桥。大桥于2011年6月30日全线通车,2011年荣膺"全球最棒桥梁"荣誉称号。

跨海大桥为人们的出行带来了诸多便利。以胶州湾跨海大桥为例,已有的环胶州湾高速公路长约70千米,而跨海大桥的建成将青岛、红岛、黄岛连接在一起,使青岛至黄岛的行车距离缩短近30千米。如果以每小时80千米的速度行车,走大桥将比走高速路节省约20分钟!

然而跨海大桥的建设却不是一蹴而就的,它凝结了许多人的心血。建设跨海大桥要考虑海域的潮汐潮流情况、海水侵蚀情况,以及海域的气象条件,如台风、雷暴等灾害性天气,更要考虑海底地质条件等,以免危及施工安全。

胶州湾跨海大桥

94. 海底隧道

海底隧道是为解决海峡、海湾两岸交通问题，同时不影响海上船只正常航行而建造的连通海峡和海湾两岸的海底建筑物。

全世界已建成和计划建设的海底隧道有20多条，主要分布在日本、美国、西欧、中国等地区。从工程规模和现代化程度看，当今世界最有代表性的跨海隧道工程，莫过于英法海底隧道、日本青函海底隧道、中国厦门翔安隧道、中国青岛胶州湾隧道和中国厦门海沧海底隧道。

英法海底隧道，又称英吉利海峡隧道，是一条把英国与法国相连的铁路隧道，于1994年5月6日开通。青函隧道则是连通日本本州与北海道的纽带，隧道连通津轻海峡两端，全长54千米，是世界上最长的海底隧道。1988年青函隧道正式通车，结束了日本本州与北海道之间只靠海上运输的历史。海底隧道不仅可以方便通行，还可为大容量光纤通信电缆、高压输电线、天然气管道的铺设等提供便利。

相比跨海大桥，海底隧道具有独特的优势，因为建在海底，台风、雷暴等灾害性天气几乎不会影响隧道的通行。海底隧道不占陆地与海面空间，不妨碍船舶航行，是一种安全便利的全天候海底通道。

青岛胶州湾隧道

95. 海底电缆

海底电缆是用绝缘材料包裹的电缆，铺设在海底，用于电信传输。现代的海底电缆使用光纤作为材料，传输电话和互联网信号。

世界上第一条海底电缆于1850年在英国和法国之间铺设。中国的第一条海底电缆于1988年铺设完成。1876年，贝尔发明电话后，各国大规模铺设海底电缆的步伐也加快了。

海底电缆分海底通信电缆和海底电力电缆。海底通信电缆主要用于通信业务，费用昂贵，但保密性好，通常用于远距离岛屿之间、跨海军事设施等较重要的场合。海底电力电缆则主要用于水下大功率电能传输，其功能与地下电力电缆的作用相同。

我国的海底电缆工程船

同陆地电缆相比，海底电缆有很多优势。一是铺设不需要挖坑道或用支架支撑，因而投资少，建设速度快；二是海底电缆不易受风浪等自然因素的影响和人类生产活动的干扰，因而安全稳定，抗干扰能力强，保密性能好。在一般情况下，用海底电缆传输电能无疑要比用同样长度的架空电缆昂贵，但与用小而孤立的发电站进行地区性发电相比更经济。海底电缆在岛屿和沿海国家应用较广泛。

由于海底电缆工程被世界各国公认为复杂困难的大型工程，从环境探测到电缆的设计、制造和安装，各环节技术要求都很高，因而海底电缆的制造厂家在世界上也为数不多。

目前，世界上已有30多个国家和地区通过海底电缆建立起现代化的通信网络，海底电缆的铺设大大丰富了人们的生活。

96. 海上机场

为了适应航运的快速发展，机场需要不断扩建，但城市用地紧张、价格高昂，又使得陆地机场建设阻碍重重，因而海上机场在一些海滨城市应运而生。坐落在长崎海滨箕岛东侧的日本长崎海上机场是世界上第一座海上机场。长崎海上机场的地基一部分来自自然岛屿，一部分来自填海造地。机场初建时，跑道长度是2500米，向北扩建后，现在跑道长度达3000米，填海的土石多达2470万立方米。

↑日本长崎海上机场

目前，全世界共有10多座海上机场，海上机场的建造方式主要有填海式、浮动式、围海式和栈桥式。所谓围海式机场，就是在浅海的海滩上修建闭合式的围堤，然后将堤内海水抽干，修建机场。这种机场低于海平面，造价低于填海式和浮动式机场，但其缺点却是致命的，一旦围堤损毁，机场就会被海水淹没，因此这种机场建设方式需严格论证方能实施。浮动式机场是漂浮在海面上的一种机场。栈桥式机场则借鉴栈桥建造技术，先将桩基打入海底，在桩基上建造高出海平面一定高度的桥墩，而后在桥墩上建造机场。美国纽约拉瓜迪亚机场就是用钢桩打入海底建立的栈桥式海上机场，日本的东京国际机场则是岸边填海造地建成的。日本计划建造的现代化大型海上浮动机场——关西新机场，将是世界上最大的浮动式海上机场，这座浮动式海上机场位于大阪湾东南部离岸5千米的泉州海上，它分为主着陆地带、副着陆地带、海上设施带、沿海设施带、连接主副着陆带的飞机桥和与陆地连接的栈桥等部分。

海上机场的建立，既节省了陆上土地资源，又便捷了人们的出行，更丰富了海洋资源的利用方式。

97. 人工岛

人工岛是人工建造的岛屿，一般以小岛和暗礁为基础进行建造，是填海造地的一种。早期的人工岛是浮动结构，用木桩、巨石等在浅水区建造而成。现在的人工岛大多填海而成，有些则是通过建造运河分割出来的，或者因为流域泛滥，小丘顶部被水分隔而形成人工岛，如巴洛科罗拉多岛。

人工岛的历史可追溯至史前时期苏格兰和爱尔兰的湖上住所，还有的的喀喀湖尚存的浮岛。时至今日，人工岛的建设从未停歇。20 世纪 60 年代，日本开始建造现代人工岛，其数量和规模巨大，如神户人工岛海港和新大村海上飞机场等。美国、荷兰等国也很重视发展人工岛。在现代人工岛的建设中，令人印象深刻的便是迪拜。迪拜拥有全球最大的人工岛群，包括三个棕榈群岛项目、世界群岛及迪拜海岸，尤以迪拜海岸规模最大。

现代工业发达的沿海国家，滨海一带人口密集、城市拥挤，导致城市发展受到很大限制，原有城市本身的居住、交通、噪声、水与空气污染等问题也很难解决。兴建人工岛可以有效地解决上述难题。

人工岛的建设合理地利用了海洋空间资源，是一种前景广阔的海洋工程。只要在建设过程中注重对生态环境的保护，相信人工岛将为更多的沿海人民带来福音。

98. 围海造陆

围海造陆是人类开发利用海洋的重要方式，也是人类拓展生存空间及生产空间的重要手段。世界上大部分沿海国家和地区都有围海造陆的历史，也因此积累了许多的成功经验及失败教训。

荷兰围海造陆已有800年的历史，荷兰境内地势低洼，其土地被海洋不断侵吞，为了排除积水，防洪防潮，荷兰开展了持续的大规模围海造陆行动，如修筑沿海岸线和海堤，修建入海口闸坝等。日本国土面积狭小，且多山地、丘陵，平原分布零散，因而早在11世纪就开始围海造陆，并贯穿于工业化发展的始终。特别是从20世纪50年代末开始，日本步入经济高速发展期，现有的土地已很难满足经济发展的需求，大规模围海造陆在全国开展起来。这些新陆地为日本工业的腾飞提供了位置优越的建设用地。同样的情况也发生在中国的澳门、香港，以及世界上许多陆地资源有限的沿海地区。

围海造陆作业

围海造陆对城市建设和工农业生产起着促进作用，有效缓解了经济发展与建设用地不足的矛盾，但我们应该冷静思考：围海造陆是否也带来了负面影响？不可否认，围海造陆的目的很明确，是为了追求物质财富的增加，但不合理的围海造陆会对生态系统造成损害。围海造陆使海水潮差变小，潮汐的冲刷能力降低，海水自净能力减弱，导致水质日益恶化，加上围海建造的陆地主要用于城市建设和工农业生产，各种污染物较多，倘若将各种污水直接排入大海，极易导致海水富营养化，进而引发赤潮，给沿海的海水养殖业和海洋渔业生产带来巨大的危害。更为严重的是，围海建造的陆地会阻塞部分入海河道，影响洪水的下泄。

综上看来，人们在围海造陆时，要进行多方面的考虑，合理进行开发建设，在促进城市建设与生产的同时，保护好生态环境。

99. 海底餐厅

海底餐厅

绚丽多彩的海底世界令人神往，充满诱惑的美食让人垂涎。有一个地方能将两者完美地结合在一起，没错，它就是海底餐厅。

位于马尔代夫群岛的海底餐厅 Ithaa 是世界上第一家全玻璃水下餐厅，造价 500 万美元，于 2005 年 4 月 15 日起开始营业。餐厅位于印度洋水下 5 米处，名字在当地语中意为“珍珠”。穿过木制的走道，步下陡峭的台阶就可以看到 6 张餐桌。餐厅长 9 米，宽 5 米，可容纳 12 人同时就餐；四壁和屋顶都由透明的有机玻璃制成，整个餐厅被五彩斑斓的珊瑚礁环抱着。游客们在用餐时通过弧形屋顶可以欣赏到 270° 的海底景色，不经意间就会看到一群五彩的热带鱼儿从身边游过。在品尝美食的同时，还可以观赏美丽的海底世界，体会着海底的怡然与清爽，真是奇妙而惬意！

在我国三亚，也有一座海底餐厅，它位于三亚海棠湾，游客们在这里不仅可以品尝美食，还可以享受海石斑、鲨鱼、玳瑁等 400 多种海洋生物带来的视觉盛宴。

海底餐厅虽造价高昂，却凭借其无与伦比的海底就餐感受不断吸引着人们前来体验，具有很好的发展前景。

"宝瓶座"海底实验室

100. 海底实验室

海底有美丽的珊瑚礁、各种奇特的海洋生物，也有神秘的沉船，但你知道海底还有实验室吗？在美国佛罗里达州拉哥礁海的海底，就有一个名为"宝瓶座"的海底实验室。它是当今世界仅存并仍在运作的海底实验室。

"宝瓶座"被安放在海面下 20 米深处，外观好似一艘潜水艇，总重量 81 吨。"宝瓶座"海底实验室体积不大，但仍可容纳 6 人工作和居住。科学家在这里除了研究海洋生物和水质等生态环境的变化外，还会记录自身在海底生活的各种生理状况。通常情况下，科学家可在实验室连续住上数星期，所需食物和工具都被装在防水的罐子里由潜水员定期送往实验室。水下生活会给科学家带来了不少困扰。由于"宝瓶座"里的空气浓度是海面上的 2.5 倍，人体吸入的氮会增加，噪音会变得奇怪，耳膜也会感觉到不小的压力，就连食用的食物也会变得淡而无味。不过，科学家还是寄予海底实验室不小的期望。他们想通过它掌握更多人类在水下生活所需的各种信息，期盼有朝一日，人类能向广阔的海洋移民。

建造海底实验室的神奇设想是在 20 世纪 20 年代提出来的。1962 年，美国“海中人-1”号和法国“大陆架-1”号海底实验室首次在地中海进行试验。初期的海底实验室依靠补给船的起重机吊放海底，固定于水下。后来经过改进，海底实验室可以通过压载水舱注、排水，做沉浮的垂直运动，并向作业水深更大、自持力更强和机动性能更好的方向发展。如苏联1977年1月下水的“底栖生物-300”号作业深度达300米，自持力14天，可容纳12名乘员。由于通信联络、保暖措施、安全减压等方面仍有难以解决的问题，再加上造价昂贵，很多海底实验室都不能维持太久，目前只有“宝瓶座”还在运转。

海底实验室目前仍处于实验研究阶段，相信有一天，海底实验室可以更加成熟，能同潜水艇和深潜水系统等结合成为具有高度机动性能的综合水下活动基地，帮助人们更好地探索海洋。

图书在版编目(CIP)数据

青少年应当知道的100种海洋资源 / 赵广涛主编．—青岛：中国海洋大学出版社，2015.5

（海洋启智丛书 / 杨立敏总主编）

ISBN 978-7-5670-0897-7

Ⅰ．①青…　Ⅱ．①赵…　Ⅲ．①海洋资源—青少年读物　Ⅳ．①P74-49

中国版本图书馆CIP数据核字(2015)第089064号

青少年应当知道的100种海洋资源

出版发行　中国海洋大学出版社
社　　址　青岛市香港东路23号　　邮政编码　266071
出 版 人　杨立敏
网　　址　http://www.ouc-press.com
订购电话　0532-82032573
责任编辑　乔　诚　　电　　话　0532-85901092
印　　制　青岛国彩印刷有限公司
版　　次　2016年1月第1版
印　　次　2016年1月第1次印刷
成品尺寸　170 mm × 230 mm
印　　张　11
字　　数　130千
定　　价　28.00元